トクとトクイになる！ 小学ハイレベルワーク
3・4年 理科 もくじ

特別ふろく
1 📄 巻末ふろく　しあげのテスト
2 💻 WEBふろく　自動採点CBT

WEB CBT(Computer Based Testing)の利用方法
コンピュータを使用したテストです。パソコンで下記 WEB サイトへア
クセスして，アクセスコードを入力してください。スマートフォンでの
ご利用はできません。

アクセスコード／ **Crbbb225**

https://b-cbt.bunri.jp

答えと考え方　別冊

【写真提供】PIXTA

この本の特長と使い方

この本の構成

標準レベル ✦

実力をつけるためのステージです。
実験・観察の方法とあわせて各テーマで学習する内容を
まとめた左ページと、標準レベルの演習問題をまとめた
右ページで構成しています。
「キーポイント」では、覚えておきたい大切なポイント
をまとめています。

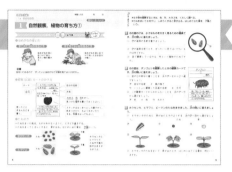

ハイレベル ✦✦

少し難度の高い問題で、応用力を養うためのステージで
す。
グラフなどをかく作図問題や長めの文章で答える記述問
題、実験・観察器具の使い方や計算問題など、多彩でハ
イレベルな問題で構成しています。

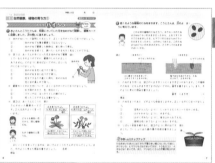

チャレンジテスト ✦✦✦

テスト形式で、章ごとの学習内容を確認するためのス
テージです。
時間をはかって取り組んでみましょう。
発展的な問題にも挑戦することで、実戦力を養うことが
できます。

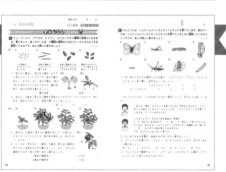

思考力育成問題

知識そのものだけで答えるのではなく、知識をどのよう
に活用すればよいのかを考えるためのステージです。
資料を見て考えたり、判断したりする問題で構成してい
ます。
知識の活用方法を積極的に試行錯誤することで、教科書
だけでは身につかない力を養うことができます。

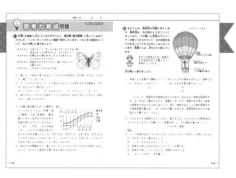

とりはずし式
答えと考え方　ていねいな解説で、解き方や考え方をしっかりと理解することができます。
まちがえた問題は、時間をおいてから、もう一度チャレンジしてみましょう。

『トクとトクイになる！小学ハイレベルワーク』は，教科書レベルの問題ではもの足りない，難しい問題にチャレンジしたいという方を対象としたシリーズです。段階別の構成で，無理なく力をのばすことができます。問題にじっくりと取り組むという経験によって，知識や問題を解く力だけでなく，「考える力」「判断する力」「表現する力」の基礎も身につき，今後の学習をスムーズにします。

おもなコーナー

 中学へのステップアップ
中学校で取り組む学習事項へのつながりを紹介したコラムです。興味・関心に応じて，学習しましょう。

 思考力アップ
科学的思考力アップのためのアドバイスコーナーです。課題を見つけ，解決するためのヒントを探し，自分の知識を使って課題を解決する方法を考える力を養います。

 ちょこっと **サイエンス**
身のまわりの科学に注目し，興味・関心を引き出すコラムです。環境や資源に関わること，不思議な自然現象など，さまざまなことを紹介しています。

 **ホッとひといき**
これまで学習してきた内容を，ゲーム感覚で楽しく遊んで確認することができるコーナーです。頭の体操として，チャレンジしてみましょう。

役立つふろくで，レベルアップ！

❶ トクとトクイに！ しあげのテスト
この本で学習した内容が確認できる，まとめのテストです。学習内容がどれくらい身についたか，力を試してみましょう。

❷ 一歩先のテストに挑戦！ 自動採点 CBT
コンピュータを使用したテストを体験することができます。専用サイトにアクセスして，テスト問題を解くと，自動採点によって得意なところ（分野）と苦手なところ（分野）がわかる成績表が出ます。

「CBT」とは？
「Computer Based Testing」の略称で，コンピュータを使用した試験方式のことです。受験，採点，結果のすべてがWEB上で行われます。
専用サイトにログイン後，もくじに記載されているアクセスコードを入力してください。

https://b-cbt.bunri.jp

※本サービスは無料ですが，別途各通信会社からの通信料がかかります。
※推奨動作環境：画角サイズ　10インチ以上　　横画面
　　[PCのOS] Windows10以降　　[タブレットのOS] iOS14以降
　　[ブラウザ] Google Chrome（最新版）　Edge（最新版）　safari（最新版）
※お客様の端末およびインターネット環境によりご利用いただけない場合，当社は責任を負いかねます。
※本サービスは事前の予告なく，変更になる場合があります。ご理解，ご了承いただきますよう，お願いいたします。

答え▶ 2 ページ

1 自然観察，植物の育ち方①

標準 レベル　トライ しよう

●虫めがねの使い方

手で持てる物を見るとき

虫めがねを目に近づけて持ち，見たい物を動かす。

手で持てない物を見るとき

虫めがねを目に近づけて持ったまま自分が動く。

注意
目をいためるので，ぜったいに虫めがねで太陽を見てはいけません。

●観察（記録）カードのかき方

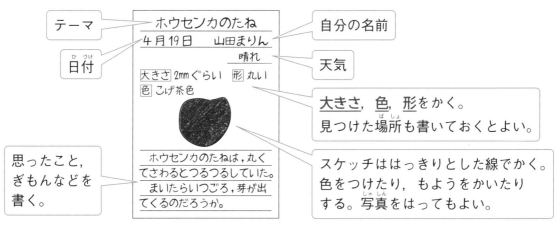

テーマ
日付
自分の名前
天気
大きさ，色，形をかく。見つけた場所も書いておくとよい。
スケッチははっきりとした線でかく。色をつけたり，もようをかいたりする。写真をはってもよい。
思ったこと，ぎもんなどを書く。

●たねまき

- たねをまいた後は，土がかわかないように，ときどき<u>水</u>をやる。
- たねをまいてしばらくすると，芽が出る。はじめに出た葉を，<u>子葉</u>という。

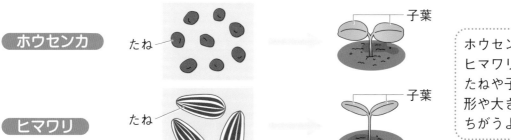

ホウセンカ　たね　子葉
ヒマワリ　たね　子葉

ホウセンカとヒマワリで，たねや子葉の形や大きさがちがうよ。

キーポイント

▶生き物を観察するときは，色，形，大きさを，くわしく調べる。
▶たねをまいて水をやり，しばらくすると芽が出る。はじめて出た葉を，子葉という。

1 **右の図の㋐は，小さなものを大きく見るための道具です。次の問いに答えましょう。**

(1) ㋐の道具の名前を書きましょう。 (　　　　　)

(2) ㋐の道具を使うとき，ぜったいに見てはいけないものは何ですか。 (　　　　　)

(3) 図で観察しているのは，何という植物のたねですか。 (　　　　　)

2 **右の図は，ダンゴムシを観察したときの観察カードです。次の問いに答えましょう。**

(1) 図の①の部分に書くことを，次のア～エから2つ選びましょう。 (　　　　　)

ア　自分の名前　　イ　風の強さ

ウ　いっしょに観察した友達の名前　　エ　日付

(2) この観察カードからわからないことを，次のア～ウから選びましょう。 (　　)

ア　色　　イ　形　　ウ　大きさ

3 **ホウセンカ，ヒマワリ，ピーマンのたねをまきました。次の問いに答えましょう。**

(1) ホウセンカのたねと，芽が出たときのようすを，次の㋐～㋕から選びましょう。 たね(　　　) 芽(　　　)

㋐

㋑

㋒

㋓
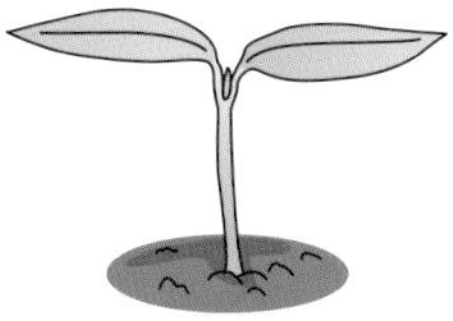

㋔

㋕
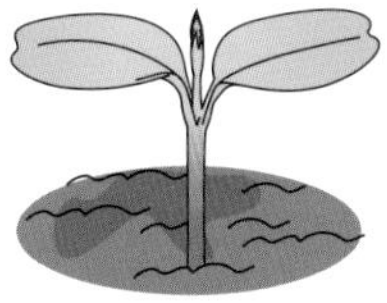

(2) ホウセンカのたねをまいて，芽が出たとき，はじめに出てくる葉を，何といいますか。 (　　　　　)

1章　身近な自然

1 自然観察，植物の育ち方①

答え▶ 2 ページ

✦✦✦ ハイ レベル ………… マスターしよう

❶ あいさんとこうたさんは，校庭にさいていた花を虫めがねで観察し，観察カードに記録しました。次の問いに答えましょう。

(1) 虫めがねについて説明した文として，正しいものすべてに〇をつけましょう。

① (　　　) 虫めがねで太陽を観察してはならない。

② (　　　) 虫めがねで観察した動物は，家に持って帰る。

③ (　　　) 虫めがねを使うと，調べたいものを大きく見ることができる。

(2) 図1は，あいさんが手にとった花を虫めがねで観察　図1
しているときのようすですが，観察のしかたが正しく
ありません。どのように直せばよいですか。正しいも
のに〇をつけましょう。

① (　　　) 虫めがねを花に近づけて持つ。

② (　　　) 虫めがねを目に近づけて持つ。

③ (　　　) 花をできるだけ遠くに持ち，虫めがねを
花と目の真ん中で持つ。

(3) 観察カードのかき方について，正しいものすべてに〇をつけましょう。

① (　　　) 生き物の大きさ，色，形をかく。

② (　　　) スケッチは，はっきりとした線でかく。

③ (　　　) 思ったことやぎもんは書かない。

(4) 図2は，あいさんとこうた　図2
さんがかいた観察カードで
す。2人は次のように言って
います。

どちらも黄色い花
だから，同じ植物
だね。

あい

ちがう植物だと思
うな。

こうた

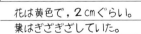

花を見つけたよ。
4月15日　水上あい
晴れ

花は黄色で，2cmぐらい。
葉はぎざぎざしていた。

花を見つけたよ。
4月15日　山中こうた
晴れ

2cmぐらいの黄色い花が
さいていた。ぎざぎざの
小さな葉がたくさんある。

正しいことを言っているのは，あいさんとこうたさんのどちらでしょう。ま
た，そのように考えた理由を書きましょう。　　　名前 (　　　　　　　　　)

理由 (　　　　　　　　　　　　　　　　　　　　　　　　　　　　　　　)

❷ 図１のような植物のたねをまきます。こうじさんは，次のよ　図１
うに考えています。

こうじ

これは何の植物のたねだろう。ホウセンカのたね
は２mmぐらいの大きさだったから，土をうすくか
けてたねまきしたな。ヒマワリのたねは１cmぐらい
の大きさだったから，土の中にうめたな。このたね
は１cmぐらいの大きさだから，どうやってたねをま
けばいいかな。

図２　　　〈まき方１〉　　　　　　　　　　〈まき方２〉

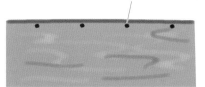
ホウセンカのたね

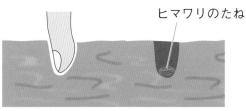
ヒマワリのたね

土に直せつたねをまいて，
上からうすく土をかける。

指であなをあけてから，たね
を入れて，土をかける。

(1) たねのまき方には，図２の＜まき方１＞と＜まき方２＞があります。この植物
のたねは，どちらのまき方でまけばよいですか。番号を書きましょう。また，そ
のように考えた理由を書きましょう。

番号　＜まき方（　　　　　）＞

理由（　　　　　　　　　　　　　　　　　　　　　　　　　）

(2) たねをまいたあと，どのような世話をしますか。正しいものに○をつけましょ
う。

① (　　　　) 空気が入らないように，しっかりとビニルシートをかぶせる。

② (　　　　) 土がかわかないように，水をやる。

③ (　　　　) 土がくずれないように，毎日上からおさえる。

④ (　　　　) 昼間は光にあてないようにおおいをする。

(3) しばらく世話を続けると，図３のように芽が出てき　図３
ました。さいしょに出た あ の葉の名前を書きましょ
う。　　　　　　　　　（　　　　　　　　　　　　　）

あ

🏫 中学へのステップアップ

たねをまいたあとに出てきた子葉のまい数にもいろいろあり，
ホウセンカ，ヒマワリなどは２まいですが，トウモロコシ，イ
ネなどは１まいです。また，マツはたくさんの子葉が見られま
す。

2 植物の育ち方②

標準 レベル　トライしよう

●植物の育ち方と体のつくり

- 子葉が出た後，子葉とは形がちがう**葉**が出てくる。

> 植物はどうやって大きくなるのかな？

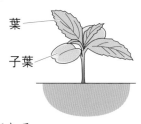

葉
子葉

葉
高さ
くき
根

地面からいちばん上の葉のつけ根までの長さ

- 植物の体には，**葉**，**くき**，**根**がある。
- 育っていくと，くきがのびて高さが高くなる。
  くきがのびると，くきについている葉の数もふえる。
- やがて，つぼみができ，**花**がさく。
- 花がさいた後は**実**ができる。実の中には**たね**ができている。

●植物の一生（ホウセンカ）

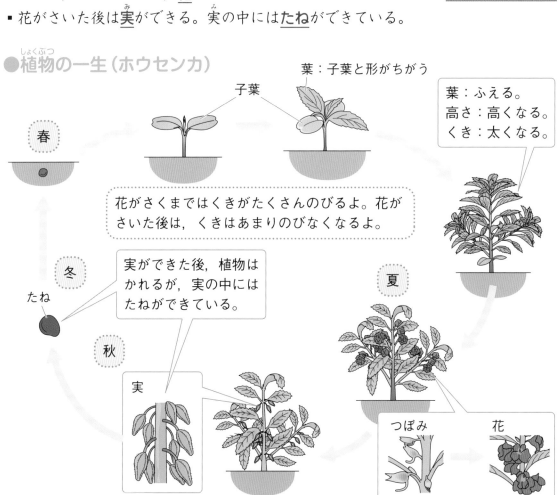

葉：子葉と形がちがう

葉：ふえる。
高さ：高くなる。
くき：太くなる。

子葉

春

花がさくまではくきがたくさんのびるよ。花がさいた後は，くきはあまりのびなくなるよ。

冬
たね

実ができた後，植物はかれるが，実の中にはたねができている。

夏

秋

実

つぼみ　花

キーポイント

▶植物の体には，根，くき，葉がある。くきがのびると葉がふえて，大きくなる。
▶花がさいた後は，実ができる。実の中には「たね」ができている。その後，かれる。

1 右の図を見て，次の問いに答えましょう。

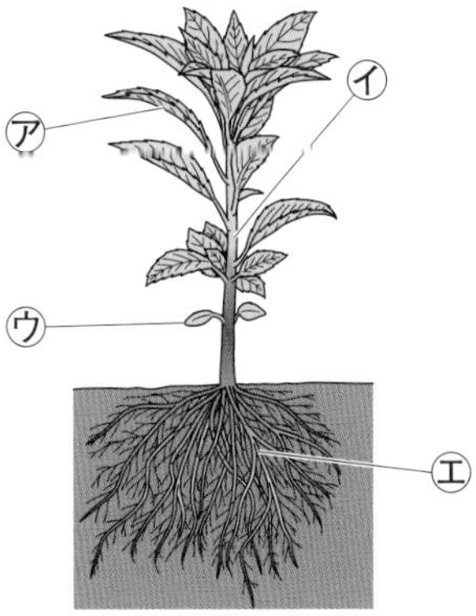

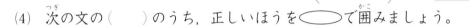

(1)　この植物の㋐～㋓の部分の名前を書きましょう。

㋐（　　　　　）　㋑（　　　　　）

㋒（　　　　　）　㋓（　　　　　）

(2)　㋐と㋒のうち，先に出たのはどちらですか。

（　　　　）

(3)　㋐～㋓のうち，土の中で育つのはどこですか。

（　　　　）

(4)　次の文の（　　）のうち，正しいほうを⬭で囲みましょう。

　成長すると，くきが①（　細く・太く　）なり，高さが②（　低く・高く　）なる。また，葉の数が③（　へり・ふえて　），④（　花がさく・根が短くなる　）。

2 右の図の㋐～㋓は，ヒマワリが育つようすをスケッチしたものですが，日付の順にならんではいません。次の問いに答えましょう。

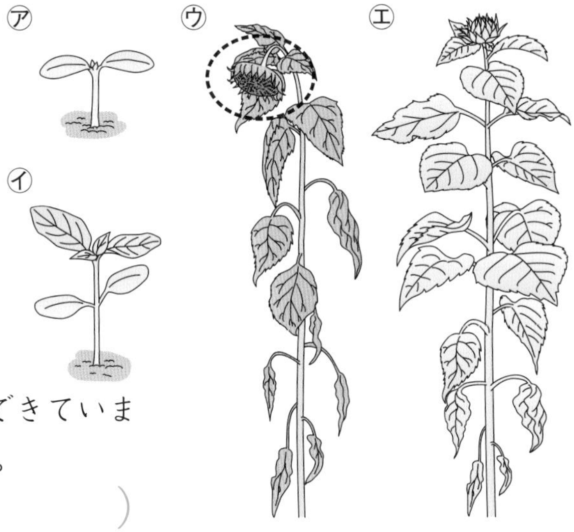

(1)　㋐～㋓を，㋐から成長の順にならべましょう。

㋐ →（　　　　）→（　　　　）→（　　　　）

(2)　㋒の図の⬭の部分には何ができていますか。次のア～エから選びましょう。

（　　　　）

ア　たねが1個できている。　イ　たねがたくさんできている。

ウ　つぼみが1個できている。　エ　つぼみがたくさんできている。

(3)　ヒマワリについての文として，正しいものに○をつけましょう。

①（　　　）子葉と葉の形が同じである。

②（　　　）花がかれると，くきがのび始める。

③（　　　）くきがのび始めると，葉の数もふえる。

④（　　　）花がさいた後，つぼみができる。

学習した日　　月　　日

2 植物の育ち方②

答え▶ 3 ページ

ハイレベル　マスターしよう

❶ 右の図は，観察していたある植物のようすです。

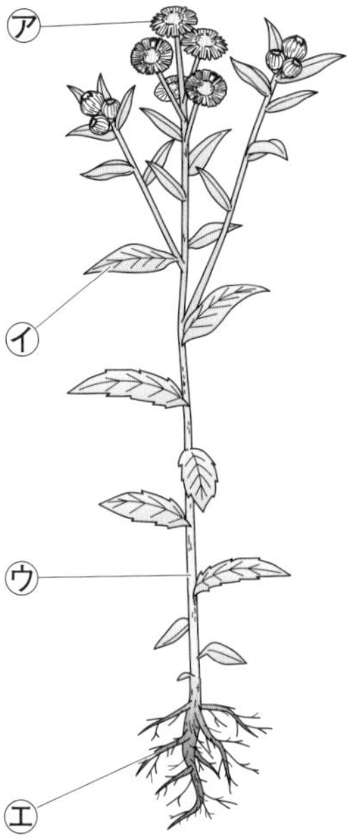

(1) ㋐〜㋓の名前を書きましょう

㋐（　　　　）　㋑（　　　　）

㋒（　　　　）　㋓（　　　　）

(2) 次の文は，この植物を観察したときの記録です。①〜③にあてはまる言葉を書きましょう。

①（　　　　）　②（　　　　）

③（　　　　）

子葉が出た後，㋑が出てきた。㋑は，子葉とは形が（ ① ）。植物の高さを調べるために，地面からいちばん上の（ ② ）のつけ根までの長さをはかった。前回調べたときよりも葉の数が（ ③ ）いた。

(3) ㋐〜㋓のうち，この後，実になるのはどの部分ですか。記号を書きましょう。また，そのように考えた理由を書きましょう。　記号（　　　　）

理由（　　　　）

❷ 右の図は，いろいろな野菜を表しています。

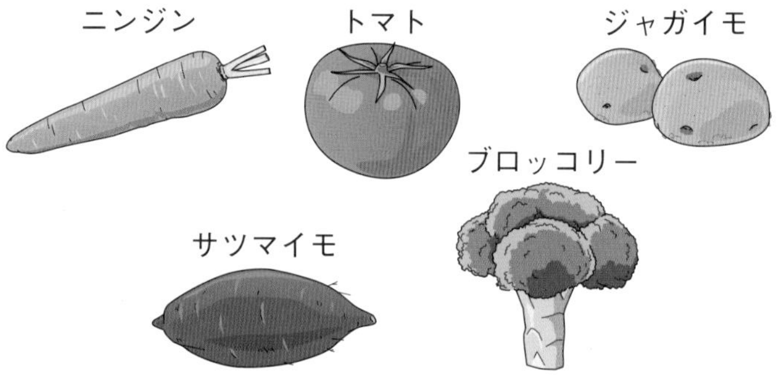

(1) 図の野菜は，それぞれ植物の何という部分を食べていますか。次のア〜オから選びましょう。

ニンジン（　　　）　トマト（　　　）　ジャガイモ（　　　）

サツマイモ（　　　）　ブロッコリー（　　　）

ア 根　　**イ** くき　　**ウ** 葉

エ 実　　**オ** 花（つぼみ）

(2) 図の野菜を，ニンジン，ジャガイモ，サツマイモのグループ1と，トマトとブロッコリーのグループ2に分けました。どのような特ちょうで分けていますか。育つ場所がわかるように説明しましょう。

（　　　　）

3 そうたさんがおじいさんと話をしています。

そうた

キャベツを畑からとってきたよ。キャベツって，葉で大きな玉を作っているんだね。キャベツのすぐ下に根がついていたから，キャベツにはくきがないんだね。

図1
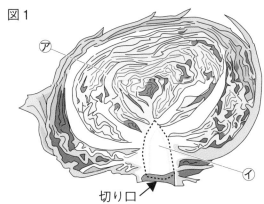
㋐
㋑
切り口

おじいさん

では，これ（図1）を見てごらん。キャベツをたてに半分に切ったものだよ。どの植物にも，根とくきと葉があるけれど，くきには根と葉，それからつぼみもつくんだ。だから，根やくきや葉の見分けはできると思うぞ。このキャベツが成長すると図2のようになって花がさくんだ。図1と図2の㋐，㋑，㋑は，それぞれ何か，わかるかな。

図2
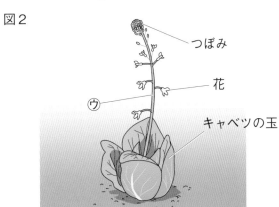
つぼみ
花
㋑
キャベツの玉

(1) 図1，図2の㋐〜㋑は，それぞれ何でしょうか。根，くき，葉から選んで書きましょう。

㋐（　　　　）　　㋑（　　　　）　　㋑（　　　　）

(2) キャベツが育っていくとき，㋑の部分の大きさはどうなっていくと考えられますか。次の**ア〜ウ**から選びましょう。また，そのように考えた理由を，「葉」という言葉を使って書きましょう。　　　　　　　記号（　　　　）

理由（　　　　　　　　　　　　　　　　　　　　　　）

ア しだいに小さくなる。

イ しだいに大きくなる。

ウ 変わらない。

(3) 次の文の①〜③にあてはまる言葉を書きましょう。

①（　　　　）　　②（　　　　）　　③（　　　　）

　キャベツのたねをまくと，大きく育ち，黄色い花がさいた。花がかれると，その部分に（　①　）ができて，中にはたくさんの（　②　）ができていた。この（　②　）をまくと，2まいの（　③　）が出てくる。

答え▶ 3 ページ

3 チョウの育ち方

トライ
しよう

標準 レベル

●チョウの育ち方

チョウはどんなふうに育つのかな？

モンシロチョウ

たまご　　　　　　　　よう虫　　　　　　　　　　さなぎ　　　　　　成虫

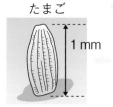
1 mm

・大きさは約1mm。
・**キャベツの葉**のうらなどに産みつけられている。

・生まれたよう虫は，すぐにからを食べる。その後は**キャベツの葉**を食べて育つ。
・黄色から，やがて緑色になる。
・皮を4回ぬいで成長する（だっ皮）。

・何も食べない。
・口から出した糸で体を支えている。

・さなぎから出て成虫になる。
・**花のみつ**をすって育つ。

アゲハ

たまご　　　　　　　　よう虫　　　　　　　　　　さなぎ　　　　　　成虫

約1mm

・大きさは約1mm。
・**ミカンの葉**のうらなどに産みつけられている。

・皮を4回ぬいで成長する（だっ皮）。
・4回目のだっ皮を終えると緑色になる。
・**ミカンやサンショウの葉**を食べて育つ。

・何も食べない。
・口から出した糸で体を支えている。

・さなぎから出る。
・花のみつをすって育つ。

　成虫は，花がさいている場所や，たまごを産みつけられる場所の近くで見かけることが多い。

チョウは何を食べているのかな？

●チョウの体のつくり

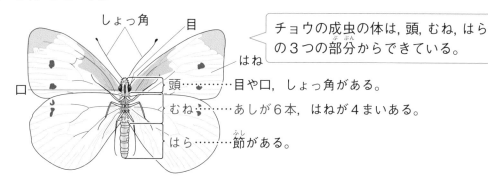

しょっ角　　　目

はね

チョウの成虫の体は，頭, むね, はらの3つの部分からできている。

口

頭……目や口，しょっ角がある。

むね……あしが6本，はねが4まいある。

はら……節がある。

▶チョウは，たまご→よう虫→さなぎ→成虫の順に育つ。

▶チョウの体は頭，むね，はらの3つの部分からできていて，むねに6本のあしがある。

---

1 下の図は，モンシロチョウが育つようすです。あとの問いに答えましょう。

ⓐ 　ⓘ 　ⓤ 　ⓔ

(1) ⓐの長さはどのくらいですか。次のア〜エから1つ選びましょう。

　　ア　1mm　　イ　5mm　　ウ　10mm　　エ　20mm　　（　　　　　）

(2) 図のⓐ〜ⓔのすがたを，それぞれ何といいますか。

　　　　　　　　　　ⓐ（　　　　　　　　　）　　　ⓘ（　　　　　　　　　）

　　　　　　　　　　ⓤ（　　　　　　　　　）　　　ⓔ（　　　　　　　　　）

(3) 図のⓐ〜ⓔを，ⓐを先頭にして，育つ順にならべましょう。

　　　　　　　　　（　　ⓐ　→　　　　　　→　　　　　　→　　　　　　）

(4) ⓘ，ⓤのときの食べ物はそれぞれ何ですか。

　　　　　　　　　　ⓘ（　　　　　　　　　）　　　ⓤ（　　　　　　　　　）

(5) 何も食べないのは，図のⓐ〜ⓔのうち，どのときですか。すべて選びましょう。

　　　　　　　　　　　　　　　　　　　　　　　　　（　　　　　　　　　　）

---

2 右の図は，モンシロチョウの体のつくりを表しています。ただし，あしはかいてありません。次の問いに答えましょう。

(1) 次の文は，モンシロチョウの体について説明したものです。①〜④にあてはまる言葉や数を書きましょう。同じ言葉が入ってもかまいません。

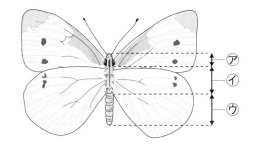

　　　　　　　　　　①（　　　　　　　　　）　　②（　　　　　　　　　）

　　　　　　　　　　③（　　　　　　　　　）　　④（　　　　　　　　　）

> モンシロチョウの体は，ⓐの（　①　），ⓘの（　②　），ⓤの（　③　）の3つの部分からできています。また，あしは（　④　）本ついています。

(2) モンシロチョウのあしとはねは，それぞれ図のⓐ〜ⓤのどこについていますか。　　　　　　　　　　　　　　　　　　　あし（　　　　　）　　はね（　　　　　）

3 チョウの育ち方

答え▶ 4 ページ

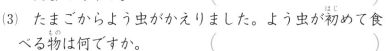

❶ チョウを図の入れ物で育てます。次の問いに答えましょう。

(1) 図の入れ物は正しくありません。どのように変えれば
よいですか。

（　　　　　　　　　　　　　　　　　　）

キャベツの葉

(2) キャベツの葉には，チョウのたまごがついています。
このたまごは，アゲハとモンシロチョウのうち，どちら
のたまごですか。　　　　　　（　　　　　　　）

しめらせた紙

(3) たまごからよう虫がかえりました。よう虫が初めて食
べる物は何ですか。　　　　（　　　　　　　）

(4) 次の①～③のうち，キャベツの葉のかえ方として正しいものに○をつけましょう。

① (　　　) 指でつまんで葉からよう虫をはずし，新しい葉に移す。

② (　　　) よう虫を葉につけたまま動かす。

③ (　　　) 古い葉を水であらい流して，葉からよう虫をはがして移す。

❷ 右の図は，モンシロチョウのある部分をスケッチした
ものです。次の問いに答えましょう。

(1) 図の㋐～㋒は，チョウの体の何という部分にありま
すか。次のア～ウから選びましょう。

㋐ (　　　　)　　　㋑ (　　　　)

㋒ (　　　　)

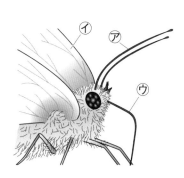

ア 頭　　イ むね　　ウ はら

(2) チョウの㋒は，ストローのような形をしています。このような形をしているこ
とから，チョウはどのようにして食べ物を食べることがわかりますか。食べ物が
わかるように書きましょう。

（　　　　　　　　　　　　　　　　　　　　　　　　　　　）

(3) 次の①～④のうち，モンシロチョウについて書かれた文には○，アゲハについ
て書かれた文には△，どちらにもあてはまる文には◎，どちらにもあてはまらな
い文には×をつけましょう。

① (　　　) よう虫はミカンの葉を食べる。

② (　　　) さなぎが大きくなるとよう虫になって，飛ぶようになる。

③ (　　　) キャベツの葉のうらに，たまごが産みつけられている。

④ (　　　) よう虫と成虫は食べ物がちがっている。

3 ゆみさんは，野菜の葉についていたたまごを育てています。次は，ゆみさんと先生の会話です。

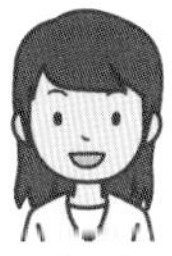
ゆみ

野菜の葉のうらについていたたまごを育てたら，よう虫が出てきました。何回か皮をぬいでいるのですが，最近は何も食べず，移動しなくなってしまいました。死んでいるのでしょうか。この㋐～㋒が観察してきた虫のスケッチです。

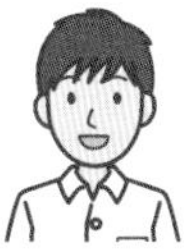
先生

だいじょうぶです。2週間ほど置いておくと，元気な成虫が見られるようになりますよ。

【スケッチ】

㋐

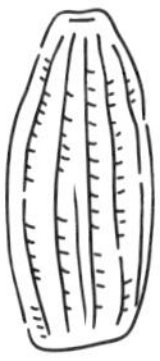

㋑

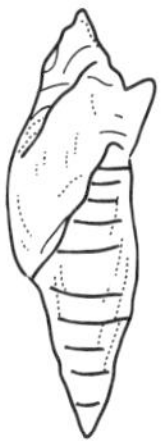

㋒

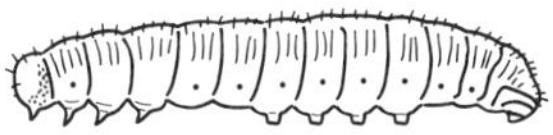

(1) ゆみさんの言葉の下線部のときにかいたスケッチはどれですか。【スケッチ】の㋐～㋒から選びましょう。また，そのときのモンシロチョウのすがたを何といいますか。　記号（　　　）　すがたの名前（　　　　　　）

(2) 右の図は，ゆみさんがかいた，育ったモンシロチョウの成虫のスケッチですが，まちがっている部分があります。【メモ】と図をもとに，まちがえている部分を見つけ，どのように変えれば，正しいスケッチになるかを書きましょう。

（　　　　　　　　　　　　　　　　）

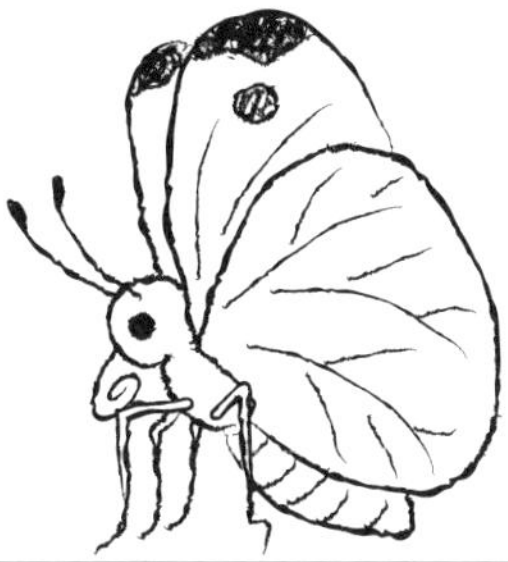

【メモ】頭にはしょっ角，口，目があり，むねにははねが4まいあった。はらには節があった。

もっとサイエンス

カイコガは，チョウと同じように育ちます。そのため，さなぎになりますが，チョウとカイコガのさなぎがちがっている点は，カイコガのさなぎには，まわりに口から出した糸でつくられたまゆがある点です。このまゆからとれた糸は「きぬ糸」とよばれています。

▼カイコガのよう虫とまゆ

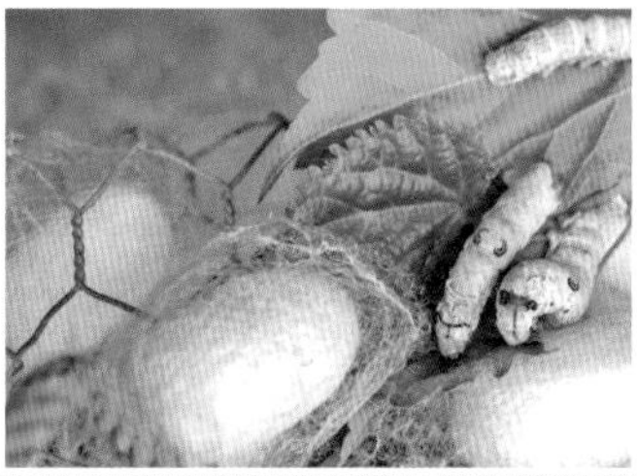

答え▶ 4 ページ

4 こん虫とこん虫ではない虫

標準レベル　トライしよう

●こん虫と，こん虫ではない虫

　虫は，成虫の体のつくりのちがいで，<u>こん虫</u>と<u>こん虫ではない虫</u>に分けることができる。

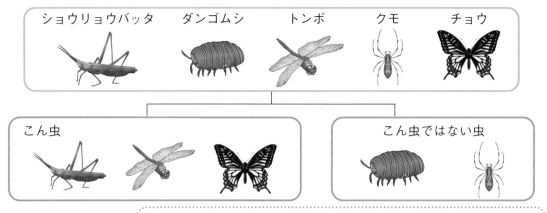

ショウリョウバッタ　ダンゴムシ　トンボ　クモ　チョウ

こん虫

こん虫ではない虫

こん虫と，こん虫ではない虫は，体の特ちょうで分けられるよ。

●こん虫の体のつくり

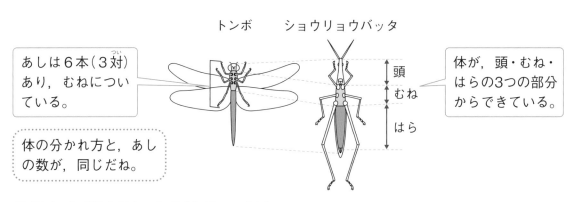

トンボ　ショウリョウバッタ

あしは6本（3対）あり，むねについている。

体の分かれ方と，あしの数が，同じだね。

頭
むね
はら

体が，頭・むね・はらの3つの部分からできている。

●こん虫ではない虫の体のつくり

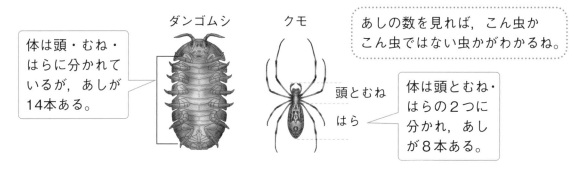

ダンゴムシ　クモ

体は頭・むね・はらに分かれているが，あしが14本ある。

あしの数を見れば，こん虫かこん虫ではない虫かがわかるね。

頭とむね
はら

体は頭とむね・はらの2つに分かれ，あしが8本ある。

1 右の図は，バッタの体のつくりを表しています。次の問いに答えましょう。

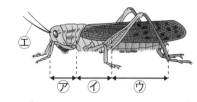

(1) バッタの体は，図の㋐〜㋒の3つの部分からできています。それぞれ何といいますか。

㋐（　　　　　　　　）　㋑（　　　　　　　　）
㋒（　　　　　　　　）

(2) 図の㋓の部分を何といいますか。　（　　　　　　　）

(3) 次の文は，バッタのあしのつき方について説明したものです。①，②にあてはまる数や記号を書きましょう。

①（　　　　　　　　）　②（　　　　　　　　）

　バッタのあしは，全部で（ ① ）本あり，このあしはすべて図の㋐〜㋒のうち，（ ② ）の部分についている。

(4) 成虫が，図のような体の特ちょうをもつ虫を，何といいますか。

（　　　　　　　　　　　　）

(5) バッタと同じ体のつくりをしているため，(4)のなかまに分けることができる虫を，次の㋐〜㋕からすべて選びましょう。

（　　　　　　　　　　　　）

ア　モンシロチョウ　　イ　シオカラトンボ　　ウ　ミミズ
エ　カブトムシ　　　　オ　ダンゴムシ　　　　カ　ムカデ

2 図を見て，下の表にそれぞれの虫のはねの数とあしの数を書きましょう。また，こん虫には○を書きましょう。

	はねの数	あしの数	こん虫に○
カ	まい	本	
クモ	まい	本	
アゲハ	まい	本	
アリ	まい	本	

カ

クモ

アゲハ

アリ

1章 身近な自然

4 こん虫とこん虫ではない虫

答え▶ 5 ページ

・・・・・・・・・・・・・・・ハイ レベル ・・・・・・・・・・・ マスターしよう

❶ こん虫の体のつくりについて，次の問いに答えましょう。

(1) こん虫の体のつくりとして正しいものを，右の⑦〜⑦からすべて選びましょう。（　　　）

⑦　　　　　　⑦　　　　　　⑦

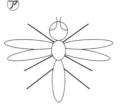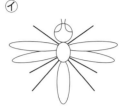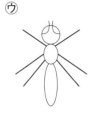

(2) クモの体のつくりを表すと，図１のようになります。クモがこん虫ではない理由を２つ書きましょう。

図1

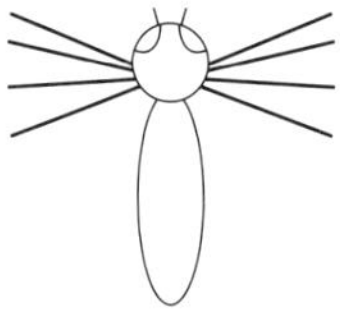

（　　　　　　　　　　　　　　）
（　　　　　　　　　　　　　　）

(3) ハエを観察したところ，体のつくりは図２のようになっていました。みらいさんは，図２から，「はねが２まいしかないから，ハエはこん虫ではない。」と考えました。これは正しいですか，正しくないですか。理由がわかるように書きましょう。

図2

（　　　　　　　　　　　　　　　　　　　　　）

❷ こん虫の体のつくりについて，次の問いに答えましょう。

(1) 右の図は，トンボの体を表しています。はねとあしをそれぞれ図にかきくわえましょう。はねは上（せなかのほう）から見たものを，あしは下（はらのほう）から見たものをかき，数と位置に注意しましょう。

はね　　　　　　あし

(2) 次の①〜⑤の特ちょうで，すべてのこん虫にあてはまるものには○，一部のこん虫にあてはまるものには△，こん虫にあてはまらないものには×をつけましょう。

① （　　　）はねは４まいある。

② （　　　）あしは８本ある。

③ （　　　）体が頭・むね・はらの３つの部分からできている。

④ （　　　）あしは６本である。

⑤ （　　　）あしはすべて，はらの部分についている。

3 **めぐみさんとさとるさんは，校庭で見つけた生き物を観察し，記録しました。ふたりが観察カードを見ながら話をしています。**

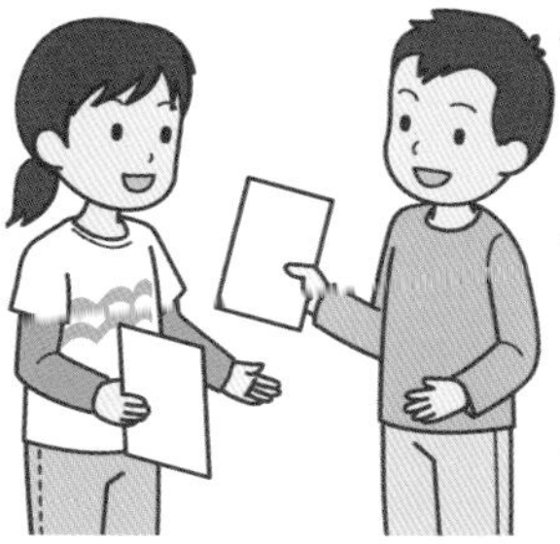

めぐみ：わたしはアリを観察しました。観察カードはこれです。

さとる：ぼくもアリのような虫を見つけたので観察カードを作りました。これです。

めぐみ：さとるさん，この虫はアリではないと思います。アリはこん虫です。さとるさんがスケッチしたこの虫は，スケッチのようすから，［　①　］ではないということと，［　②　］いないということから，こん虫ではないので，アリではないと思います。

右の図は，2人が作成した観察カードです。これを見て，次の問いに答えましょう。

めぐみさんの観察カード

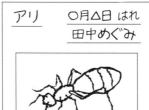

アリ　○月△日 はれ
田中めぐみ

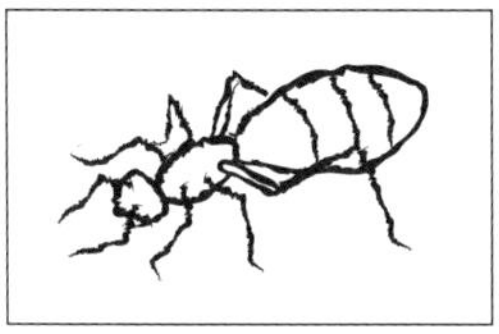

黒くて，4mmぐらいの
大きさ。木の上にいた。

さとるさんの観察カード

アリ　○月△日 はれ
吉川さとる

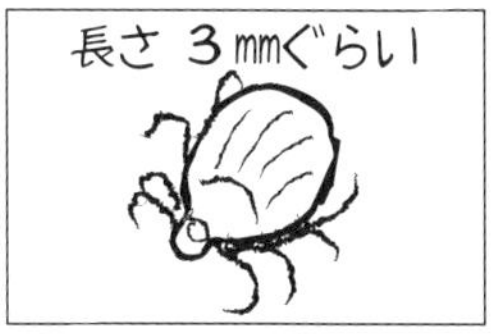

茶色くて小さい。
葉についていた。

(1)　会話文の①と②には，めぐみさんが，さとるさんがスケッチした虫がこん虫ではないと考えた理由があてはまります。①，②にあてはまる文を書きましょう。

①（　　　　　　　　　　）

②（　　　　　　　　　　）

(2)　右の㋐～㋕は，この観察で見つけた生き物です。㋐～㋕から，こん虫をすべて選びましょう。

（　　　　　　　　　　）

(3)　めぐみさんが観察したアリと，右の図のアゲハでは，はねにどのようなちがいがありますか。

（　　　　　　　　　　）

㋐アゲハ

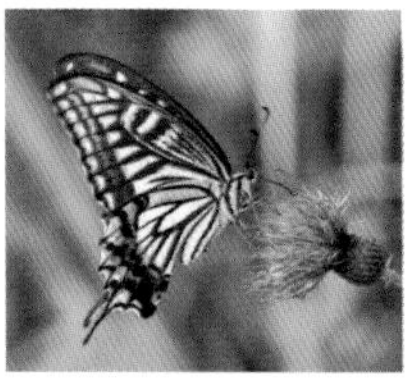

㋑アキアカネ

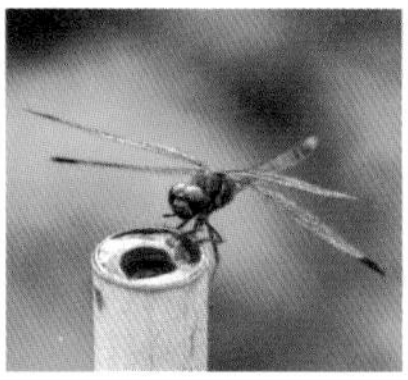

㋒カタツムリ

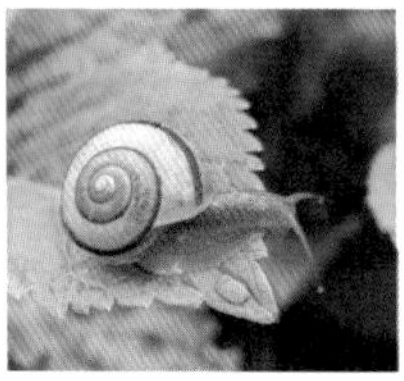

㋓ダンゴムシ

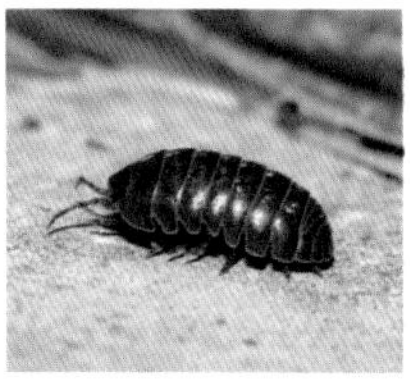

㋔クモ

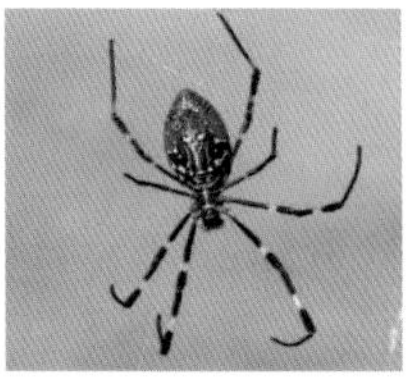

㋕ショウリョウバッタ

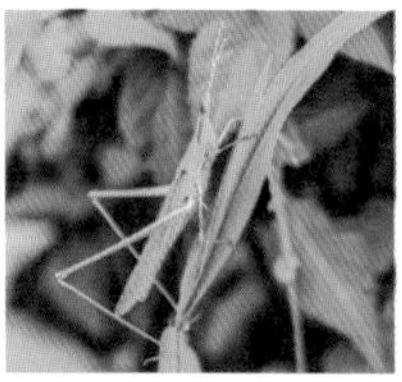

答え▶ 5 ページ

5 こん虫の育ち方，食べ物とすみか

標準 レベル　　　　　トライ しよう

●こん虫の育ち方

こん虫の育ち方は，**さなぎになるか**，**ならないか**で，大きく2つに分けることができる。

さなぎになるこん虫　チョウ，カブトムシ，アリ，テントウムシ，ハチなど

【モンシロチョウが育つようす】

たまご	よう虫	さなぎ	成虫

さなぎにならないこん虫　バッタ，トンボ，セミ，コオロギなど

【ショウリョウバッタが育つようす】
たまご　➡　よう虫　➡　成虫

【シオカラトンボが育つようす】
たまご　➡　よう虫（やご）　➡　成虫

バッタのよう虫と成虫は，同じような体の形をしているけれど，全体の大きさや，はねの大きさで区別できるんだよ。

たまごは水中に産みつけられるから，よう虫（やご）は水中で育つよ。成虫になるときに，初めて陸上に出てくるんだよ。

●こん虫の食べ物とすみか

食べ物，体の色とまわりの色に注意して見てみよう。

こん虫は，食べ物があるところ，かくれる場所があるところに多く見られる。

モンシロチョウ　食べ物：よう虫はキャベツなどの葉，成虫は花のみつ
よう虫の食べ物となるキャベツの葉に産卵

セミ
食べ物：木のしる

ダンゴムシ
食べ物：かれ葉

カブトムシ
食べ物：
木のしる

畑・花畑

木

バッタ
食べ物：草

草むら

カマキリ
食べ物：他の虫

石の下

シオカラトンボ
食べ物：他の虫など
水中に産卵

川

キーポイント

- ▶こん虫には，さなぎになるものと，さなぎにならずに成虫になるものがある。
- ▶こん虫は，食べ物，かくれる場所，産卵する場所があるところに多く見られる。

[1] **下の図は，トンボが育つときのようすを表しています。あとの問いに答えましょう。**

㋐
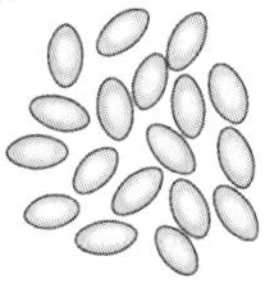

㋑
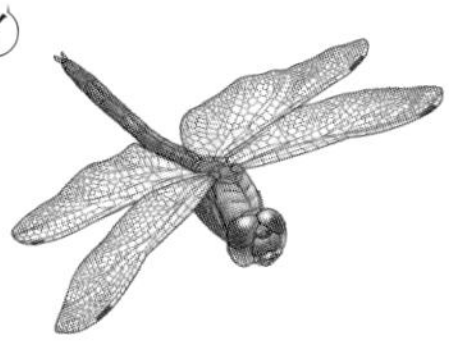

㋒
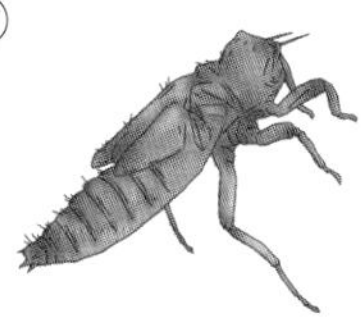

(1) 図の㋐～㋒は，トンボのいつのすがたですか。たまご，よう虫，成虫から選んで書きましょう。また，よう虫のときのよび方を書きましょう

㋐（　　　　）　㋑（　　　　）
㋒（　　　　）　よび方（　　　　）

(2) 図の㋐～㋒を，㋐をはじめとして，育つ順にならべましょう。

（ ㋐ →　　　→　　　）

(3) トンボの㋑と㋒は，それぞれ何を食べますか。次のア～エから選びましょう。

㋑（　　　）　㋒（　　　）

ア　植物　　イ　他の虫　　ウ　かれ葉　　エ　土

(4) 成虫が，図のような体の特ちょうをもつ虫を，何といいますか。

（　　　　）

(5) トンボをとりに出かけます。トンボがよく見られる場所として考えられるものを，次のア～エから選びましょう。（　　　）

ア　川のまわり　　イ　石の下　　ウ　住たく地　　エ　道路わきの花だん

[2] **5種類の虫の成虫についてまとめた表になるように，①～⑧にあてはまるものを右の［　　］からそれぞれ1つずつ選びましょう。**

虫の名前	食べ物	見つけやすい場所
モンシロチョウ	エ	ケ
バッタ	①	②
カブトムシ	③	④
カマキリ	⑤	⑥
ダンゴムシ	⑦	⑧

ア　草(葉)
イ　こん虫
ウ　木のしる
エ　花のみつ
オ　かれ葉
カ　木
キ　草むら
ク　石の下
ケ　花がある所

学習した日　　月　　日

5 こん虫の育ち方，食べ物とすみか

答え▶ 6 ページ

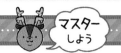

ハイレベル

マスターしよう

1 **右の㋐～㋔の5種類の虫を集めます。次の問いに答えましょう。**

(1) 次の文は，5種類のうち，4種類の虫をつかまえる方法を説明したものです。①～④にあてはまる虫を，㋐～㋔から選びましょう。

㋐ショウリョウバッタ

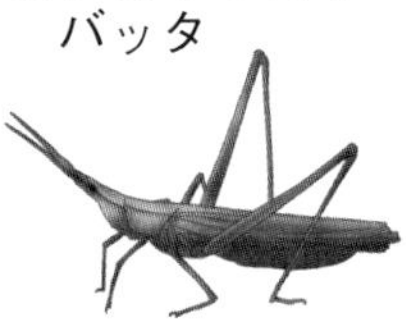

㋑カブトムシ

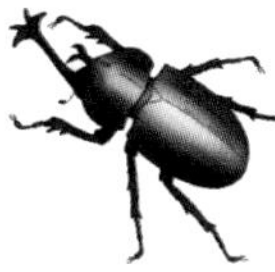

㋒ダンゴムシ

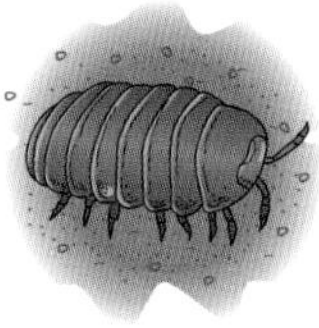

㋓モンシロチョウ

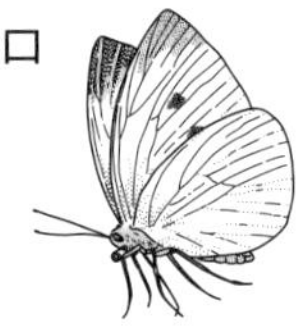

㋔カマキリ

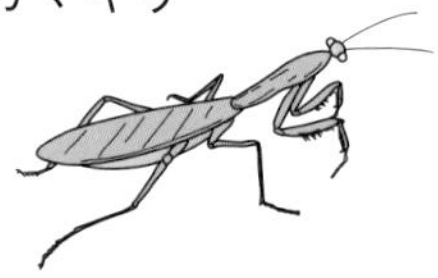

①(　　　　)　②(　　　　)　③(　　　　)　④(　　　　)

5種類のうち，木のしるを食べる[①]をつかまえるために，クヌギの木が多く生えている林へ行きます。林の下は草むらになっているので，ここで[②]と[③]をさがします。[④]は，石の下をさがして見つけます。

(2) 出かけると，花のさいていないキャベツ畑にモンシロチョウが多くいるようすが見られました。この理由を書きましょう。

(　　　　　　　　　　　　　　　　　　　　)

2 **図のような箱で，バッタとトンボのよう虫を育てます。次の問いに答えましょう。**

(1) バッタを育てる箱は，㋐と㋑のどちらがよいですか。

(　　　　)

㋐

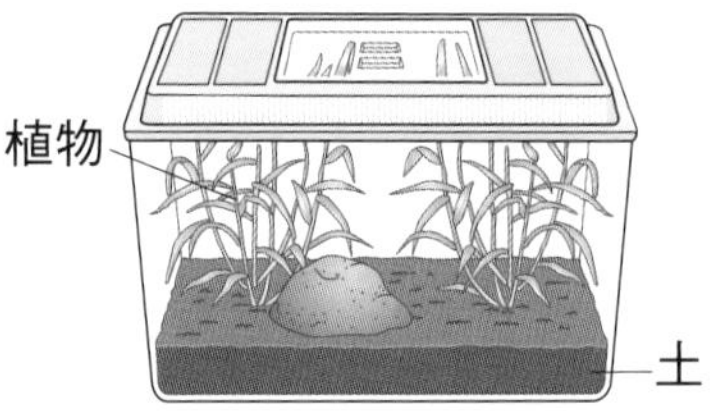

㋑

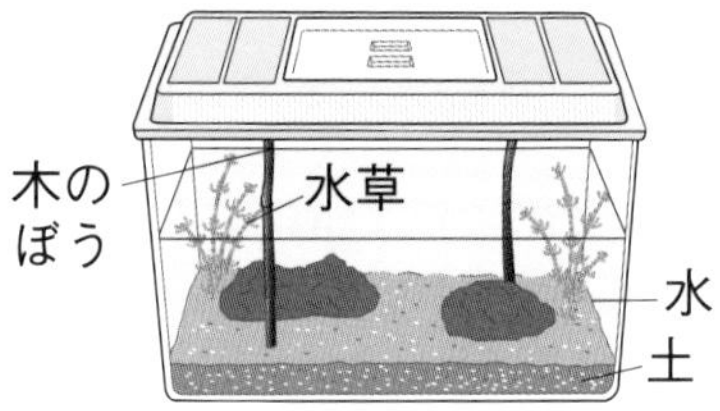

(2) 次の文は，㋑の箱に水が入れてある理由を説明したものです。[　　]にあてはまる言葉を書きましょう。

(　　　　　　　　　　　　　　　　　　　　)

箱に水が入れてあるのは，この箱で育てるこん虫のよう虫が，[　　　]から。

(3) ㋑の箱に，木のぼうを入れた理由を「成虫」，「水」という言葉を使って書きましょう。

(　　　　　　　　　　　　　　　　　　　　)

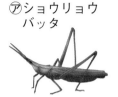

❸ ゆうじさんとまきさんは，次の □□□□ の虫を，同じ特ちょうをもったグループになかま分けしています。あとの問いに答えましょう。

セミ	カマキリ	カブトムシ	クモ	キアゲハ
ムカデ	ダンゴムシ	トンボ	バッタ	

ゆうじ：
まずは，大きく２つのグループに分けよう。
【グループ１】…セミ，カマキリ，カブトムシ，キアゲハ，トンボ，
　　　　　　　　バッタ
【グループ２】…クモ，ムカデ，ダンゴムシ
　　　　　　　に分けることができるね。

(1) 【グループ１】と【グループ２】は，体のつくりの特ちょうで分けています。【グループ１】は何という虫のなかまですか。

(　　　　　　　　　　　　　)

次に，ゆうじさんとまきさんは，【グループ１】の虫を，いろいろな特ちょうのちがいで，さらになかま分けしました。

ゆうじ：
ぼくは，【グループ１】の虫を， [　　　㋐　　　] という特ちょうで，
【グループ３】…セミ，カマキリ，トンボ，バッタ
【グループ４】…カブトムシ，キアゲハ
の２つのグループに分けました。

まき：
わたしは，【グループ１】の虫を， [　　　㋑　　　] という特ちょうで，
【グループ５】…セミ，カブトムシ，キアゲハ，バッタ
【グループ６】…カマキリ，トンボ
の２つのグループに分けました。

(2) ㋐には【グループ１】を，【グループ３と４】に分けた特ちょう，㋑には，【グループ１】を，【グループ５と６】に分けた特ちょうが入ります。それぞれ，どのような特ちょうがあてはまりますか。

㋐ (　　　　　　　　　　　　　　　　　　　　　　)
㋑ (　　　　　　　　　　　　　　　　　　　　　　)

(3) テントウムシは，【グループ１】にあてはまります。そこで，さらに【グループ３】～【グループ６】に分ける場合，どれにあてはまりますか。２つ選び，数字を書きましょう。

(　　　　　　　　　　)

1章 身近な自然

時間 30分　答え▶ 6 ページ

✦✦✦ **チャレンジ** テスト

1 マリーゴールド，アサガオ，ヒマワリ，ホウセンカの4種類の植物のたねをまき，育てました。図1の㋐〜㋓は，4種類の植物のたねのスケッチとそのようすを説明したものです。あとの問いに答えましょう。

1つ10〔70点〕

図1 ㋐

こげ茶色で
2mmぐらいの
丸いたね

㋑

白色と黒色で
1cmぐらいの
細いたね

㋒

白色と黒色のしま
もようで1cmぐら
いの大きさのたね

㋓

黒色で5mmぐら
いで三角のような
形をしているたね

(1)　図2は1番目に，図3は2番目に出てきた芽をスケッチしたものです。図2の㋐を何といいますか。また，図2の㋐は，図3の㋑と㋒のどちらにあたりますか。㋐の名前と，図3の記号を書きましょう。

図2

図3

（㋐の名前：　　　　　　　　　　記号：　　　　）

(2)　図4は，3番目に芽が出た植物の成長のようすをスケッチしたものです。㋕〜㋘を，㋕をはじめにして，成長の順にならべましょう。

（㋕　→　　　　　→　　　　　→　　　　）

図4 ㋕

㋖

㋗

㋘

(3)　図5は，4番目に芽が出た植物の花がさいた後のようすをスケッチしたものです。実の㋔の部分には，何ができていますか。

（　　　　　　　　　　　　）

図5

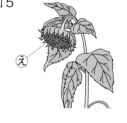

(4)　(1)〜(3)から考えると，1番目，3番目に芽が出た植物は何ですか。名前をそれぞれ書きましょう。また，それらの植物のたねを，図1の㋐〜㋓から選びましょう。

1番目の植物名（　　　　　　　　　）　たね（　　　　）

3番目の植物名（　　　　　　　　　）　たね（　　　　）

得点　　　　点

❷ けんとさんは，ショウリョウバッタとモンシロチョウを育てています。図の㋐～㋗は，ショウリョウバッタとモンシロチョウを育てているときに観察したときのスケッチです。あとの問いに答えましょう。

1つ6〔30点〕

㋐
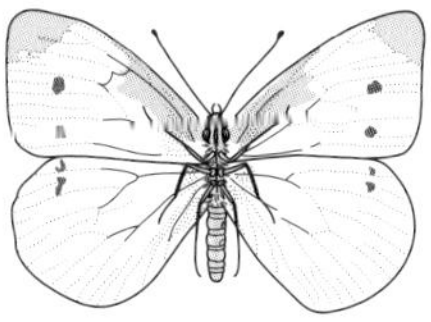
㋑
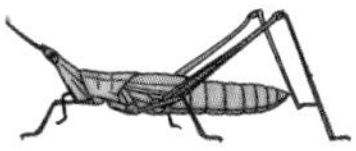
㋒
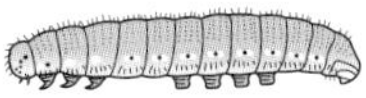
㋓
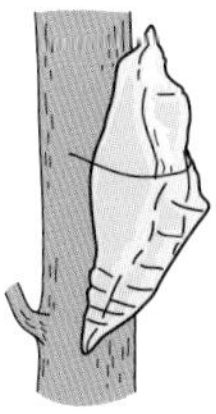
㋔
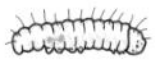
㋕
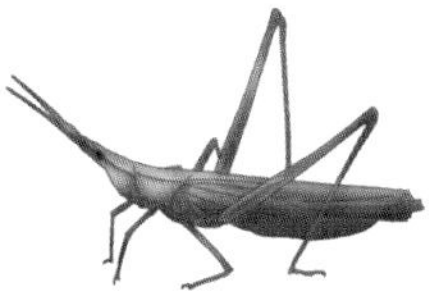
㋖
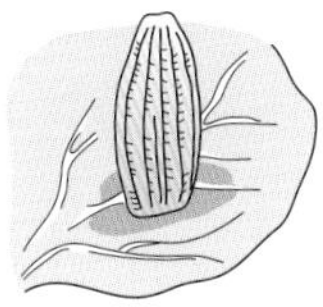
㋗
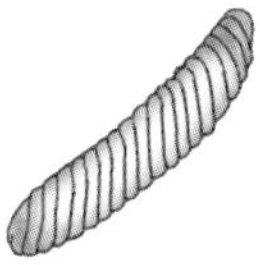

(1) ㋐～㋗からそれぞれ適切なものを選び，ショウリョウバッタとモンシロチョウがたまごから育つ順に，記号をならべましょう。

ショウリョウバッタ（　　　→　　　→　　　）

モンシロチョウ（　　　→　　　→　　　→　　　→　　　）

けんとさんたちは，こん虫を見つけやすい場所について，次のように話しています。

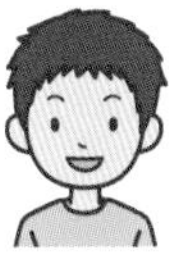
ゆうじ

ぼくは，明日，カブトムシを見つけに行く予定なんだけれど，どこへ行こうか考えているんだ。けんとくんは，ショウリョウバッタを育てているよね。どこでつかまえたの？

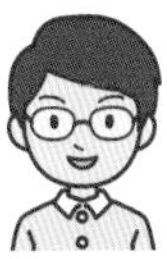
けんと

ショウリョウバッタのよう虫や成虫は，学校の①（ア　花だんにある石の下　　イ　池　　ウ　草むら）で見つけたんだ。たくさんいるんだよ。ショウリョウバッタがすんでいる場所には，他にも［　②　］などのこん虫が多くいるはずだよ。でも，カブトムシはいないと思うよ。

(2) ①にあてはまる言葉を，会話文中の**ア～ウ**から選びましょう。（　　　）

(3) けんとさんの言葉が正しくなるよう，②にあてはまるこん虫を，次の**ア～オ**から選びましょう。（　　　）

ア　セミ　　**イ**　カマキリ　　**ウ**　クモ　　**エ**　ダンゴムシ　　**オ**　アゲハ

(4) けんとさんが下線部のように，ショウリョウバッタがすんでいる場所にカブトムシがいないと考えたのはなぜですか。

（　　　　　　　　　　　　　　　　　　　　）

6 太陽とかげ

標準 レベル

トライ
しよう

●太陽の観察

しゃ光板

太陽を直接見ない。**目をいためないようにする**ために,しゃ光板を使う。

方位じしんの使い方

① 方位じしんを水平に持ち,文字ばんを回して「北」の文字とはりの色のついたほう(N極)を合わせる。

② 調べたい方向の方位を読む。

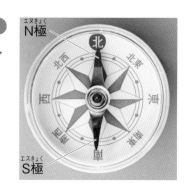

N極

S極

●太陽とかげの動き

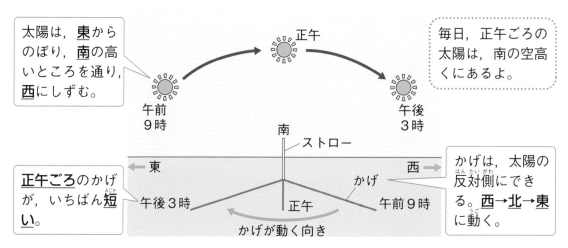

太陽は,**東**からのぼり,**南**の高いところを通り,**西**にしずむ。

正午

毎日,正午ごろの太陽は,南の空高くにあるよ。

午前
9時

午後
3時

南
ストロー

東

西

正午ごろのかげが,いちばん**短い**。

かげ

午後3時   正午   午前9時

かげが動く向き

かげは,太陽の反対側にできる。**西→北→東**に動く。

●日なたと日かげ

日光は地面を**あたためる**。

朝よりも正午のほうが,地面はあたたかいんだね。

日なた

土がかわいている。

日かげ

土がしめっている。

午前9時	15℃
正午	21℃

午前9時	14℃
正午	16℃

温度計の使い方

目もりを読むときは,液の先の目もりを真横から見る。

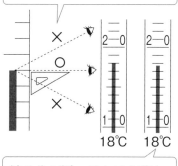

×

○

×

18℃   18℃

液の先が近い目もりを読む。

キーポイント

- ▶太陽は，東→南→西へ動く。かげは，太陽の反対側にできる。
- ▶太陽の光（日光）が地面をあたためるので，日なたの地面は，日かげよりもあたたかい。

1 1日中よく晴れた日に，木のかげを調べました。右の図は，午前９時のようすです。次の問いに答えましょう。

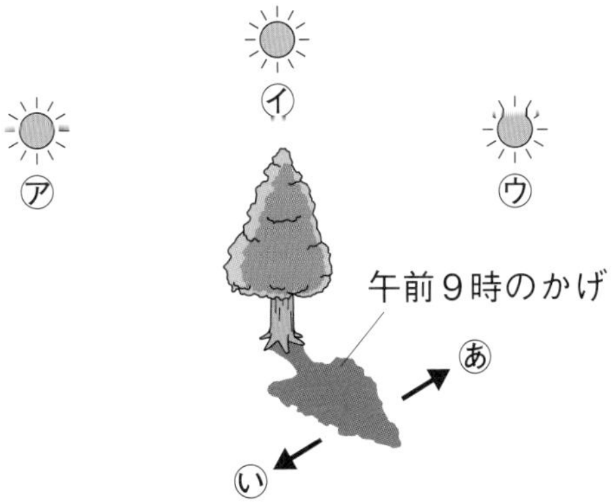

(1) このときの太陽は，どこにありますか。㋐～㋒から選びましょう。
（　　　）

(2) 午前10時にかげを調べると，かげは[あ]，[い]のどちらに動いていますか。
（　　　）

(3) 午前10時のかげの長さは，午前９時のかげの長さにくらべて，どのようになっていますか。
（　　　　　）

(4) ㋑の太陽は，この日，かげの長さが最も短くなったときの太陽の位置を表しています。このときのおよその時こくを，次のア～エから選びましょう。
（　　　）

ア　午前８時　　イ　正午　　ウ　午後２時　　エ　午後４時

(5) ㋑のときのかげは，東・西・南・北のうち，どの方位にできていますか。
（　　　）

(6) 次の文は太陽の動く向きについて説明したものです。①～③にあてはまる方位を，東・西・南・北から選びましょう。
①（　　　）　②（　　　）　③（　　　）

太陽は，［　①　］からのぼり，［　②　］の高いところを通り，［　③　］にしずむ。

2 図１のようにして，太陽とかげについて観察しています。次の問いに答えましょう。

図１

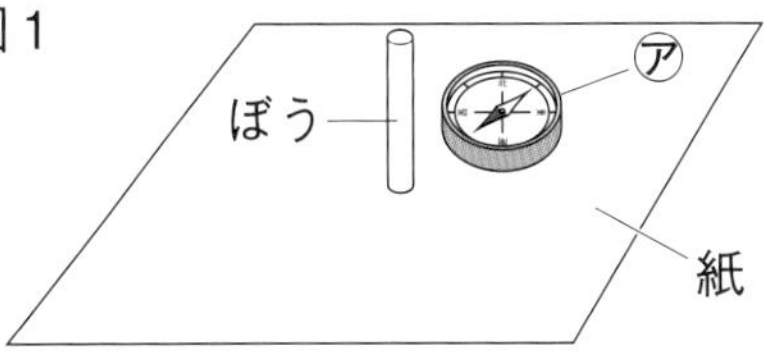

(1) 図１の㋐の道具を何といいますか。
（　　　　　）

(2) 図１を日なたの地面に置いて真上から見ると，図２のようになっていました。㋕と㋖の方位を書きましょう。
㋕（　　　）　㋖（　　　）

図２

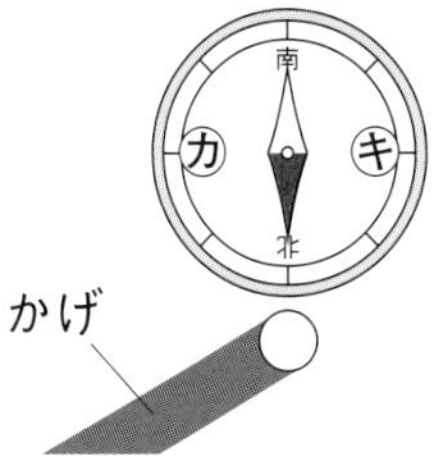

(3) 図２のようすから，この観察を行ったのは，朝，正午，夕方のうちのどれですか。（　　　）

6 太陽とかげ

答え▶ 7 ページ

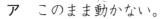 ★★★ ハイ レベル ・・・・・・・・  マスターしよう

❶ たろうさんはしゃ光板を使って太陽を観察しました。右の図は，正午に観察したときのようすです。次の問いに答えましょう。ただし，図にはたろうさんのかげはかいてありません。

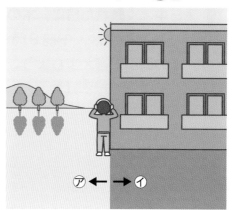

(1) 建物の向こう側に見える太陽は，これからどうなるでしょうか。次のア～ウから選びましょう。　（　　　）

　ア　このまま動かない。

　イ　建物の向こう側から出てくる。

　ウ　建物の向こう側に全部かくれてしまう。

(2) 建物のかげは，これから㋐，㋑のどちらの矢印のほうへ動いていきますか。

　　　　　　　　　　　　　　　　　　　　　　（　　　　　）

(3) かげの動く向きと太陽の動く向きは，どのような関係になっていますか。説明しましょう。

　　（　　　　　　　　　　　　　　　　　　　　　　　　　）

(4) 正午と午後4時の木のかげの長さを比べると，どちらのほうが長いですか。

　　　　　　　　　　　　　　　　　　　　　　（　　　　　）

❷ 右の図のような建物があります。晴れた日に，北側の地面と南側の地面のようすを調べました。

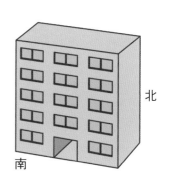

北

南

(1) 午前9時と午前11時に，地面の温度を調べて表にまとめました。①～③にあてはまる言葉や数字を 　　　 から選びましょう。　①（　　　）　②（　　　）

　　　　　　　　　　　　　　　　　　　③（　　　）

	（　①　）側の地面	（　②　）側の地面
午前9時	20℃	18℃
午前11時	30℃	（　③　）℃

北，南，
17，22，30

(2) 上の表で，午前9時の地面の温度を比べると，（　①　）側の温度のほうが高くなっているのはなぜですか。「太陽」の言葉を使って書きましょう。

　　（　　　　　　　　　　　　　　　　　　　　　　　　　）

❸ 科学教室に参加したゆうじさんは，日時計について学習しています。先生の言っていることを読んで，あとの問いに答えましょう。

先生

> 昔は時計がなかったので，かげの動きをもとにして時こくを調べていました。これ（右の図）は，日時計といって，かげの位置で時こくを調べるための道具です。日時計につけられている目もりは，1時間ごとのかげの位置を示しています。今日の午後はこれを使って学習するので，今（正午に）できているかげだけ記録しておきましょう。

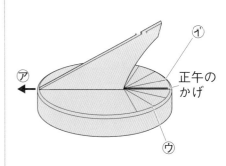
正午のかげ

(1) 図で，正午のかげをもとにすると，㋐の方位は，東・西・南・北のうち，どの方位だと考えられますか。また，そのように考えた理由を書きましょう。

方位（　　　　　　　　　）

理由（　　　　　　　　　　　　　　　　）

(2) 図の日時計の目もりのうち，㋑，㋒は，それぞれ何時のかげの位置を表していますか。

㋑（　　　　　　　　　） ㋒（　　　　　　　　　）

(3) 日時計でかげの動きを記録しました。次の文の①，②にあてはまる言葉を，あとのア～エから選びましょう。　①（　　　　） ②（　　　　）

> 日時計のかげを記録すると，正午のころのかげの長さが最も　①　なりました。これは，正午のころの太陽の高さが1日の中で最も　②　なるからです。

ア　長く　　イ　短く
ウ　高く　　エ　低く

💡 **思考力アップ**

正午の太陽の特ちょうは何かな。

(4) 日時計で記録されるかげのようすからわかるように，かげの向きが時間によって変化するのはなぜですか。説明しましょう。

（　　　　　　　　　　　　　　　　　　）

(5) この日時計は，いつも使えるとは限りません。次の①～⑤のうち，日時計が使えないときにあてはまるものに〇をつけましょう。

① （　　　）よく晴れた日　　② （　　　）くもりや雨の日
③ （　　　）風が強いとき　　④ （　　　）太陽が雲にかくれているとき
⑤ （　　　）夜

学習した日　　月　　日

答え▶8ページ

7 光の性質

標準レベル　トライしよう

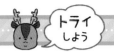

●日光の性質

日光（光）の進み方　光は**まっすぐに進む**。

鏡ではね返した日光があたったところ

日光は，鏡ではね返すことができる。鏡ではね返した**日光があたったところは温度が高く，明るくなる**。はね返した**日光を多く重ねるほど，温度はより高くなり，明るさも明るくなる**。

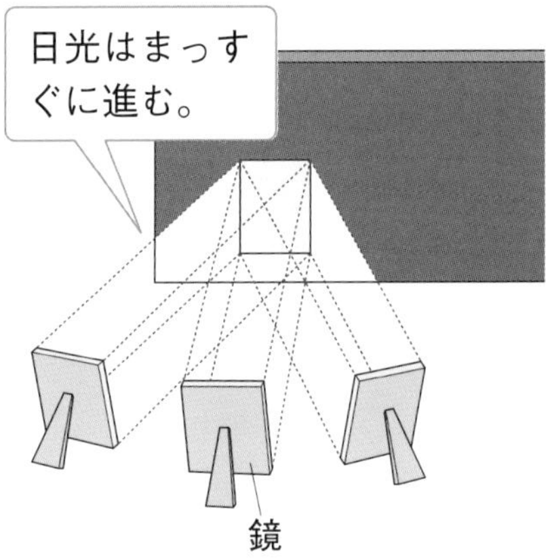
日光はまっすぐに進む。
鏡

日光をはね返したときの明るさと温度

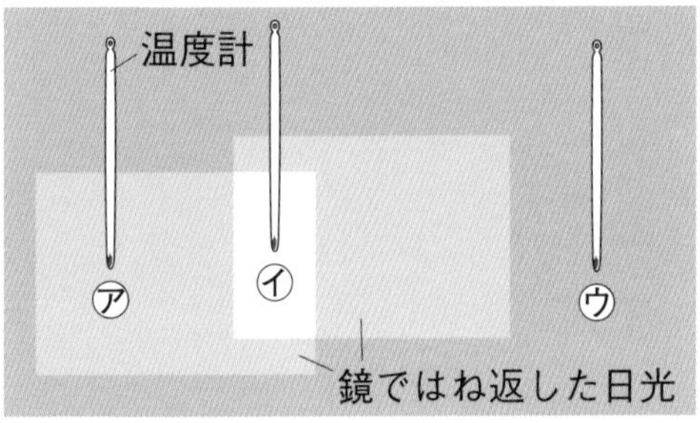
温度計
㋐
㋑
㋒
鏡ではね返した日光

	㋐	㋑	㋒
日光を重ねた数	1	2	0
明るさ	明るい	とても明るい	暗い
温度	26℃	34℃	20℃

●日光を集めたときの明るさと温度

たくさん光をあてるほど，明るく，あたたかくなるよ。

・虫めがねを使うと，日光を集めることができる。

・日光を集めたところの大きさを小さくするほど，**日光が集まったところは明るく，温度が高くなる**。**色のこい紙**に光を集めると，温度が高くなりやすく，紙がこげることがある。

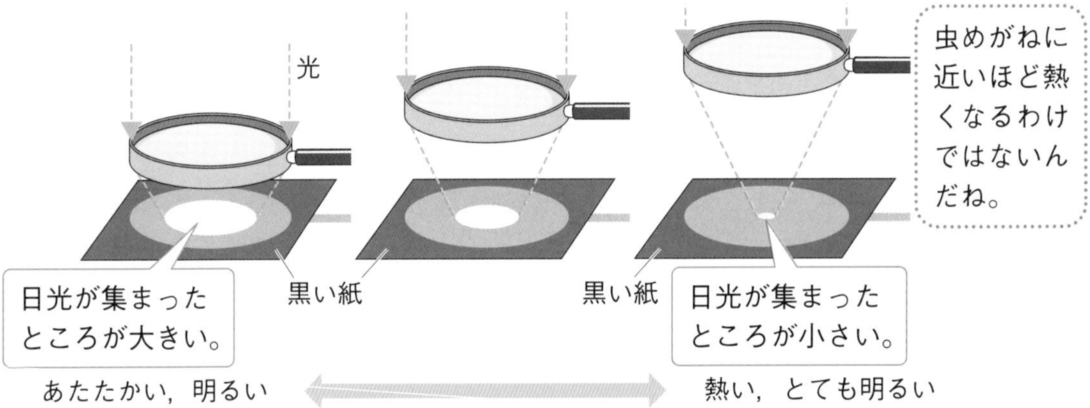
光
虫めがねに近いほど熱くなるわけではないんだね。
黒い紙
黒い紙
日光が集まったところが大きい。
日光が集まったところが小さい。
あたたかい，明るい
熱い，とても明るい

キーポイント

▶日光はまっすぐ進み, 鏡ではね返すことができる。
▶日光を多く重ねたり, 集めたりするほど, 明るく, あたたかくなる。

1 右の図は, 同じ大きさ・形の鏡を何まいか使って, 日光をかべにはね返したときのようすです。次の問いに答えましょう。

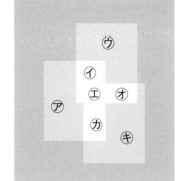

(1) 図で使った鏡は何まいですか。

(　　　　　　　　　　　)

(2) 次の①, ②にあてはまる部分を, 図の㋐〜㋖からそれぞれすべて選びましょう。
　① ㋑と同じ明るさの部分 　　　　　　(　　　　)
　② ㋑と同じ温度の部分 　　　　　　　(　　　　)

(3) 図の㋐〜㋖のうち, 最も温度が高い部分を選びましょう。(　　)

(4) 次の文は, (3)で選んだ部分の温度が最も高くなる理由を説明したものです。①, ②にあてはまる言葉を書きましょう。

①(　　　　　　　) ②(　　　　　　　)

(3)で選んだ部分の温度が最も高くなるのは, ① を重ねた数が最も ② からである。

2 虫めがねを使って紙に日光を集め, 紙をこがす実験をしました。日光が集まった部分は㋐〜㋒のようになりました。次の問いに答えましょう。

(1) 紙を早くこがすためには, ⓐの紙はどのような色がいいですか。次のア〜エから選びましょう。

日光が集まったところ

(　　)

ア 黄色　イ 白色　ウ はい色　エ 黒色

(2) 日光が集まったところが明るい順に, 左からならべましょう。

(　　 → 　　 → 　　)

(3) 紙がこげ始めたのが最も早かったのは, ㋐〜㋒のどれですか。

(　　)

7 光の性質

答え▶ 8 ページ

・・・・・✦✦✦ ハイ レベル ・・・・・・ マスター しよう

❶ 3まいの鏡で日光をはね返し，かべに
あてたところ，図1のようになりまし
た。次に，⑦〜⑦の温度をはかったとこ
ろ，図2のようになりました。次の問い
に答えましょう。

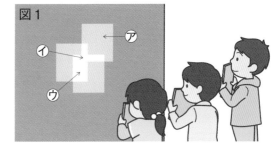

図1

(1) 図2の温度計①〜③のう
ち，最も高い温度を示してい
る温度計を選び，温度計が示
す温度を読み取りましょう。

（　　　　　　　）

図2

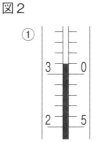
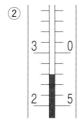
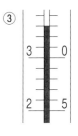

(2) 図2の温度計①〜③は，そ
れぞれ図1の⑦〜⑦のどの部
分の温度をはかったものですか。

①（　　　　　）②（　　　　　）③（　　　　　）

❷ 図1のようにして，日光を集め，紙をこが
します。次の問いに答えましょう。

(1) ⑦の道具の名前を書きましょう。

（　　　　　　　　　）

(2) 紙を短い時間でこがすには，図1の⑦と
してどのような色の紙を使うとよいです
か。色の特ちょうを書きましょう。

（　　　　　　　　　）

図1

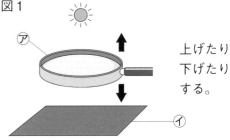

上げたり
下げたり
する。

図2

(3) 図2の①〜④のように した
とき，④が最も早くこげまし
た。図2の①〜④のときに紙
の上にできる光のようすを，
図3の力〜ケからそれぞれ選
びましょう。①（　　　　）

②（　　　　）
③（　　　　）
④（　　　　）

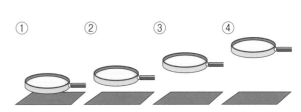

図3

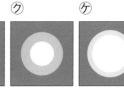

❸ さくらさんは，日光と温度の関係について，次のように考え，考えを確かめるために実験を行いました。あとの問いに答えましょう。

> 日光があたったものの色がちがっていれば，水の温度の上がり方はちがうと思います。

【実験方法と結果】

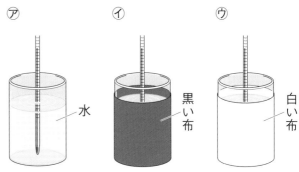

　図のように，3個のガラスのコップに，それぞれ□□□量の水を入れ，㋐はそのまま，㋑はコップのまわりに黒い布をまき，㋒はコップのまわりに白い布をまき，㋐〜㋒を日光のあたるところに置いたところ，20分後には㋑のコップの温度が最も高くなりました。

(1) 実験の結果から，さくらさんの考えは正しいということがわかりました。このことから，【実験方法と結果】の□□□には，どのような言葉があてはまると考えられますか。　　　　　　　　　　　　　（　　　　　　　　　　　）

(2) 20分後，㋑のコップの温度が最も高くなったのはなぜですか。「布」，「温度」という言葉を使って書きましょう。
（　　　　　　　　　　　　　　　　　　　　　　　　　　　　　　）

(3) さくらさんは，20分後の㋐と㋒のコップの温度が，㋑ほど上がらなかった理由を，次の文のように説明しました。①〜③にあてはまる言葉や文を書きましょう。
　　　　　　　　①（　　　　　　　　　　）　②（　　　　　　　　　　）
　　　　　　　　　　　　　　　　　　　　　　③（　　　　　　　　　　）

> 　㋐のコップで温度があまり上がらなかったのは，□①□がコップの中の水を□②□しまったためだと考えられます。また，㋒のコップで温度があまり上がらなかったのは，白い布が□①□を□③□しまったため，布の温度が上がらなかったからだと考えられます。

☕ ホッとひといき

真っ暗な部屋に，真っ赤なリンゴを置きました。リンゴに緑色の光をあてると，何色に見えるでしょうか。
　　ア　赤色　　イ　緑色　　ウ　黒色

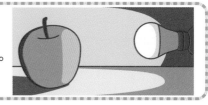

チャレンジテスト

1 図1は，昼休み（正午）に児童がかげふみをして遊んでいるようすをスケッチしたものです。あとの問いに答えましょう。

1つ7〔42点〕

図1

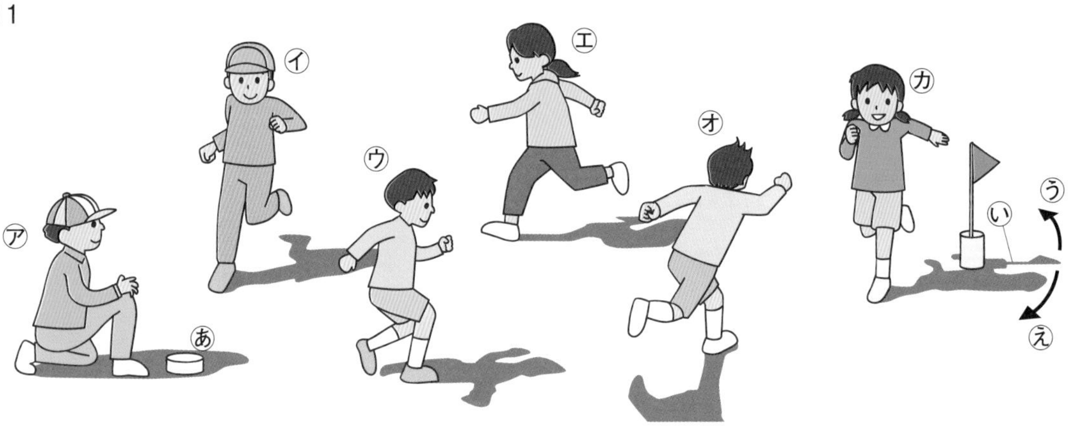

(1) 図1のうち，ア～カの人がつくるかげのでき方として正しくないものを1つ選びましょう。（　　）

(2) アの人は，自分の正面に方位じしんを置いて，いの旗のかげの方位を調べています。アの人から見た方位じしんのはりのようすを，（例）をもとに，N極をぬりつぶして図2にかきましょう。ただし，図2は，アの人や方位じしんを上から見たようすを表しています。

（例）　図2

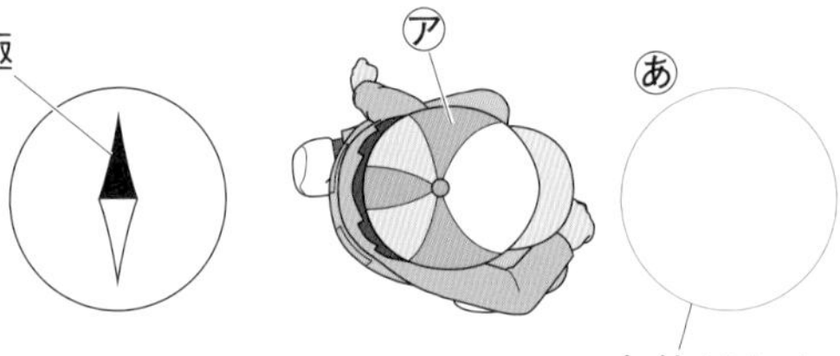

(3) いの位置にある旗のかげは，この後，うとえのどちらの方向へ動いていきますか。記号で答えましょう。また，旗の動きから，正午より後の太陽はどのように動いていくと考えられますか。方位がわかるように書きましょう。

記号（　　）

太陽の動き（　　）

(4) この日に調べたことから，太陽とかげの動きには，どのような関係があると考えられますか。

（　　）

(5) かげふみをしているとき，おににつかまらないようにするには，どのようなことに気をつけるとよいですか。

（　　）

得点　　点

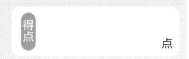

2 **右の図のように，地面に鏡と水そうを立てました。鏡の表面の方向から日光があたるようにし，地面㋐～㋔の明るさと温度について調べました。次の問いに答えましょう。** 1つ7〔49点〕

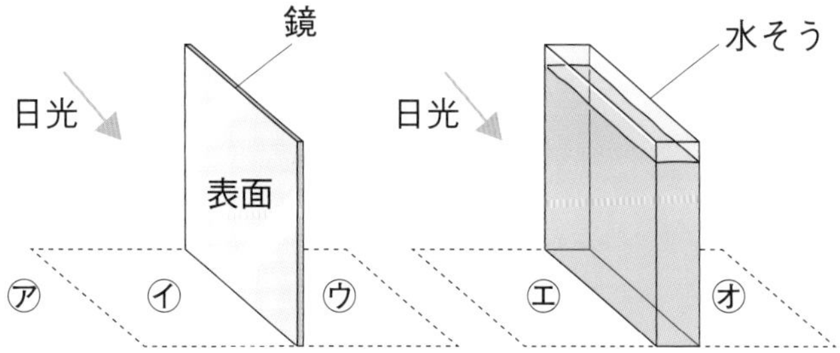

(1) ㋐～㋒の明るさを比べました。明るかった順に，左から㋐～㋒をならべましょう。
（　　→　　→　　）

(2) ㋐～㋒のうち，最も温度が高かったところ，最も温度が低かったところはそれぞれどこですか。
最も温度が高かったところ（　　）
最も温度が低かったところ（　　）

(3) 明るさと温度の変化について説明した次の文の，①～③にあてはまる言葉を書きましょう。
①（　　）②（　　）
③（　　）

上の実験から，重なる［①］の数が多くなるほど，明るさは［②］，温度は［③］なることがわかった。

(4) ㋑と㋓，㋒と㋔を比べたとき，温度が高くなった組み合わせとして正しいものを，次のア～エから選びましょう。（　　）
ア　㋑と㋒　　イ　㋑と㋔　　ウ　㋓と㋒　　エ　㋓と㋔

3 **ある日，日なたと日かげの地面の温度を午前9時から午前11時まではかり，右の図のようにグラフにまとめました。次の①～④の文のうち，正しいものを2つ選びましょう。** 〔9点〕
（　　）

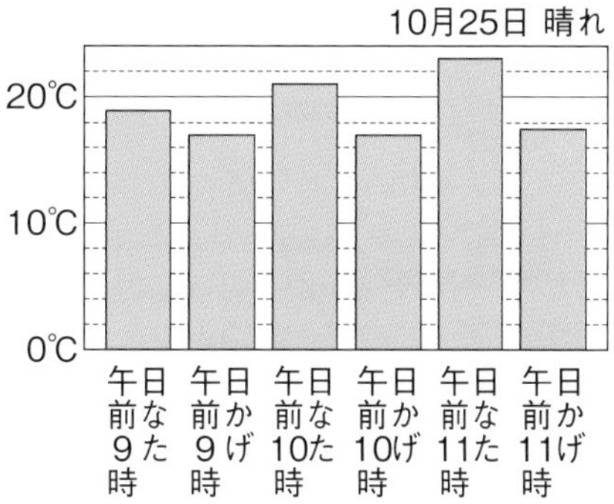

① 日なたの温度は時間とともに上がっているが，日かげの温度はほとんど変わらない。
② 日なたと日かげの地面の温度の差が最も小さいのは，午前9時である。
③ 日なたの温度は，1時間に約4℃ずつ上がっている。
④ 午前10時から11時にかけては雨がふった。

8 風とゴムの性質

標準 レベル　　トライ しよう

●風の力のはたらき　風の力は，<u>ものを動かすことができる。</u>

🧪実験　風の力のはたらき

●「ほ」のついた車を用意し，「ほ」に強さのちがう風をあててみよう！

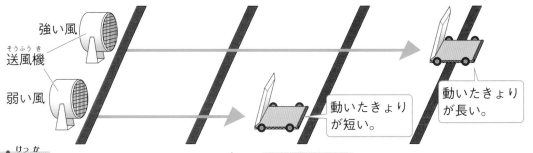

強い風

送風機

弱い風

動いたきょりが短い。

動いたきょりが長い。

⚠️結果

- 風をあてると，車が動いた。
- 強い風をあてたほうが，車が動いたきょりが長かった。

★わかったこと

- 風の力はものを動かすことができる。
- 風が**強くなるほど**，ものを動かすはたらきが**大きく**なる。

●ゴムの力のはたらき　ゴムをのばすと元にもどろうとする。<u>ゴムの，元にもどろうとする力は，ものを動かすことができる。</u>

🧪実験　ゴムの力のはたらき

●輪ゴムを取りつけた車を用意し，ゴムをのばしてからはなして走らせよう！

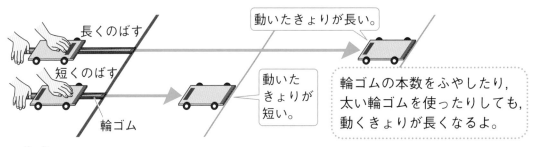

長くのばす

動いたきょりが長い。

短くのばす

動いたきょりが短い。

輪ゴム

輪ゴムの本数をふやしたり，太い輪ゴムを使ったりしても，動くきょりが長くなるよ。

⚠️結果

- のばしたゴムが元にもどろうとするときに，車が動いた。
- ゴムを長くのばすと，車の動いたきょりが長くなった。

★わかったこと

- ゴムの力はものを動かすことができる。
- ゴムを**長くのばすほど**，ものを動かすはたらきが大きくなる。

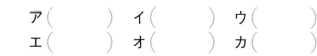

キーポイント

▶風やのびたゴムは，ものを動かすことができる。

▶風が強いほど，ゴムを長くのばすほど，ものの動き方は大きくなる。

1 次のア〜カのうち，風の力で動くものには○，ゴムの力で動くものには△を書きましょう。

ア（　　　）　　イ（　　　）　　ウ（　　　）

エ（　　　）　　オ（　　　）　　カ（　　　）

ア　風車（かざぐるま）

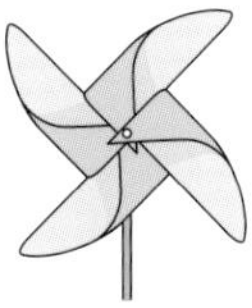

イ　水ヨーヨー

ウ　風りん

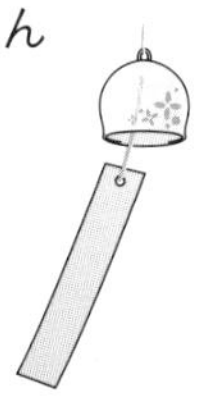

エ　ヨット

オ　スーパーボール

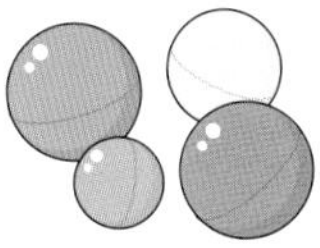

カ　たこ

2 図1のような車を作りました。この車に，送風機（そうふうき）で強さのちがう風をあて，どこまで動くか調べる実験（じっけん）をしました。次（つぎ）の問いに答えましょう。

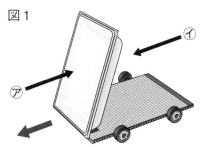

図1

(1) 下線部（かせんぶ）のようにしたときに車が動いたことから，この車は，何によって動きましたか。

（　　　　　　　　　）

(2) 図1の車が，➡ の向きに動いたとき，送風機（そうふうき）からどちらの向きの風をあてていますか。図1の⑦，①から選びましょう。

（　　　　　　　　　）

(3) 図2は，送風機から出す風の強さを「弱」，「中」，「強」の3だん階（かい）に変（か）えて，車に風をあてたときの，車が止まった位置（いち）を表（あらわ）しています。⑰〜⑦を，あてた風の強さが「弱」→「中」→「強」の順（じゅん）になるようにならべましょう。

（　　　→　　　→　　　）

図2

8 風とゴムの性質

答え▶9ページ

ハイレベル

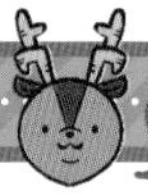
マスターしよう

1 ゆうたさん，あさみさん，たつやさんの３人は，右の材料を使い，図１のような，ゴムの力で動く車を作りました。そして，それぞれの車を走らせ，車が動いたきょりを競ったところ，図２のようになりました。あとの問いに答えましょう。

> **【材料】** ダンボール（ノートの大きさの半分）１まい，タイヤ４個，輪ゴム１本，ものさし，セロテープ，ビニルテープ

図１

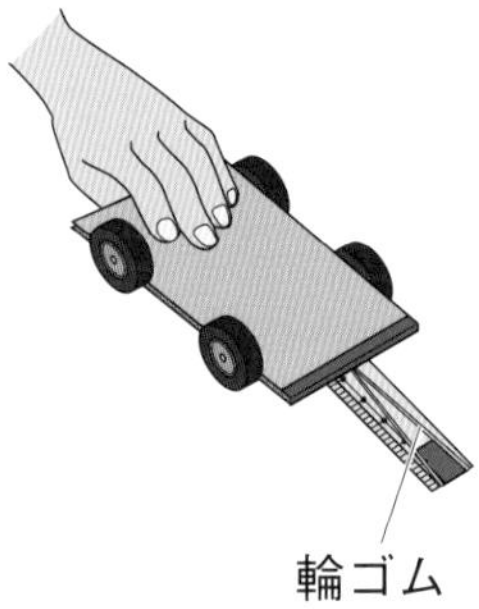
輪ゴム

図２

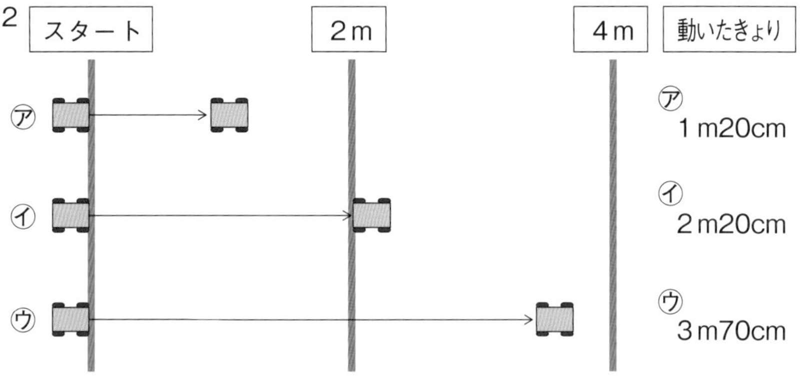
スタート
2m
4m
動いたきょり
㋐
㋑
㋒
㋐ 1m20cm
㋑ 2m20cm
㋒ 3m70cm

(1)　３人がのばしたゴムの長さは，10cm，14cm，18cmのどれかでした。次の会話を読んで，㋑の結果だったのはだれか答えましょう。また，たつやさんがのばした輪ゴムの長さを答えましょう。

㋑の結果（　　　　　　　　　）　長さ（　　　　　　　　　）

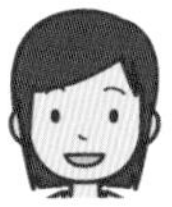

あさみ：わたしがのばしたゴムの長さが，いちばん短かったようね。

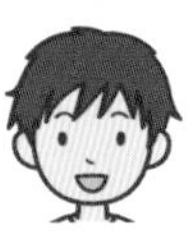

ゆうた：ぼくは，あさみさんよりも長く輪ゴムをのばしたようだけれど，たつやさんがのばした長さよりは短かったみたいだ。

(2)　次の文が正しくなるように，①にあてはまるものを**ア**～**エ**から，②にあてはまるものを**オ**，**カ**から選びましょう。　①（　　　　）　②（　　　　）

この車は，のばした輪ゴムが（ ① ）性質を利用して動いています。輪ゴムをのばす長さを変えずに車が動くきょりをさらに長くするには，輪ゴムの（ ② ）走らせます。

ア　のび続けようとする　　**イ**　さらにのびようとする
ウ　元にもどろうとする　　**エ**　止まっている
オ　本数をふやして　　**カ**　太さを細いものにかえて

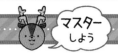

❷ 「ほ」をつけた車㋐，車㋑を作りました。この車と2台の送風機㋒，送風機㋓を使って，それぞれの車が走るきょりと風の強さの関係を調べることにしました。2台の送風機は，どちらも風の強さを「弱」，「強」に変えることができます。図1は，この実験に使う道具，図2は，調べているときのようすです。表は，車と送風機の種類，風の強さをいろいろに変えて車を走らせたときの結果をまとめたものです。

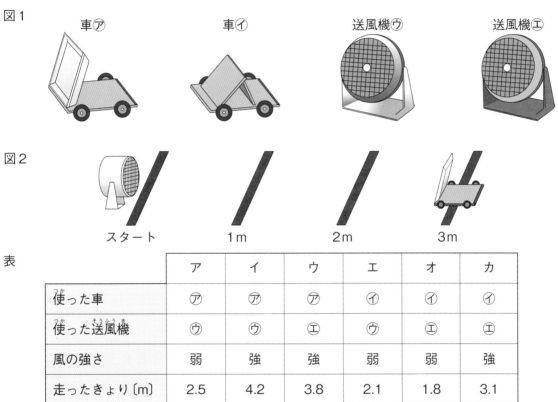

図1

| 車㋐ | 車㋑ | 送風機㋒ | 送風機㋓ |

図2

スタート　　　1m　　　2m　　　3m

表

	ア	イ	ウ	エ	オ	カ
使った車	㋐	㋐	㋐	㋑	㋑	㋑
使った送風機	㋒	㋒	㋓	㋒	㋓	㋓
風の強さ	弱	強	強	弱	弱	強
走ったきょり〔m〕	2.5	4.2	3.8	2.1	1.8	3.1

(1) この実験の結果のうち，アとイを比べることでどのようなことがわかりますか。（　　　　　　　　　　　　　　　　　　　）

(2) この実験の結果から，車㋐と車㋑を比べて，弱い風でも長いきょりを動く車はどちらだとわかりますか。記号で答えましょう。（　　　　　）

(3) 次の文は，この実験の結果からわかることを説明したものです。①にあてはまる記号を㋒，㋓から選びましょう。また，②にあてはまるものを，表のア～カから2つ選びましょう。　　　①（　　　　）　②（　　　と　　　）

　　この実験から，送風機㋒と㋓で風の強さが「強」のときは，
　　送風機（　①　）から出る風のほうが強いことがわかります。
　　これは，表の②（　　と　　）の結果を比べることでわかります。

9 音の性質

標準 レベル ・・・ トライ しよう

実験　音が出ているときのもののようす

● 音の大きさと，音が出ているもののようすを調べよう！

【弱くたたく】　　　【にぎる】　　　　【強くたたく】　　　【にぎる】

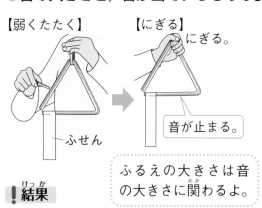

にぎる。

音が止まる。

ふせん

ふるえの大きさは音の大きさに関わるよ。

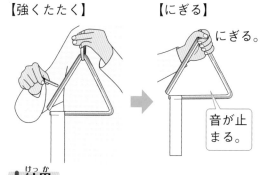

にぎる。

音が止まる。

!結果

音が出たとき	トライアングルがふるえていた。
音の大きさ	小さかった。
ふせんのふるえ	小さかった。

!結果

音が出たとき	トライアングルがふるえていた。
音の大きさ	大きかった。
ふせんのふるえ	大きかった。

音が出ているもの　音が出ているものは**ふるえている**。音が**大きく**なるほど，**ふるえ方が大きい**。ふるえを止めると，音も**止まる**。

実験　音の伝わり

● 糸電話を使って，音が伝わっているときのもののようすを調べよう！

糸をピンとはらないと，聞こえない。

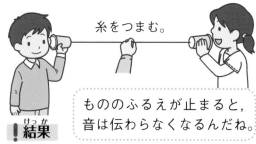

糸をつまむ。

もののふるえが止まると，音は伝わらなくなるんだね。

!結果

音が伝わっているとき，糸はふるえていた。

!結果

ふるえている糸をつまむと，音は聞こえなくなった。

音を伝えているもの　音を伝えているものは**ふるえている**。音を伝えているもののふるえを止めると，**音は伝わらなくなる**。

キーポイント
- ものののふるえが大きくなるほど，音の大きさは大きくなる。
- 音を伝えているものはふるえている。ふるえを止めると，音は伝わらなくなる。

1 右の図のように，空き箱に輪ゴムを２本かけました。輪ゴムの⬇のところを，㋐の輪ゴムは強くはじき，㋑の輪ゴムは弱くはじきました。下の図の[あ]と[い]は，右の図の㋐と㋑の輪ゴムをはじいたときのようすを上から見たものです。次の問いに答えましょう。

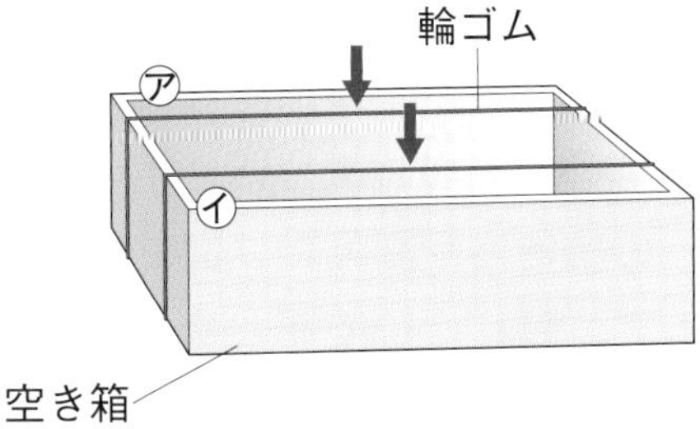

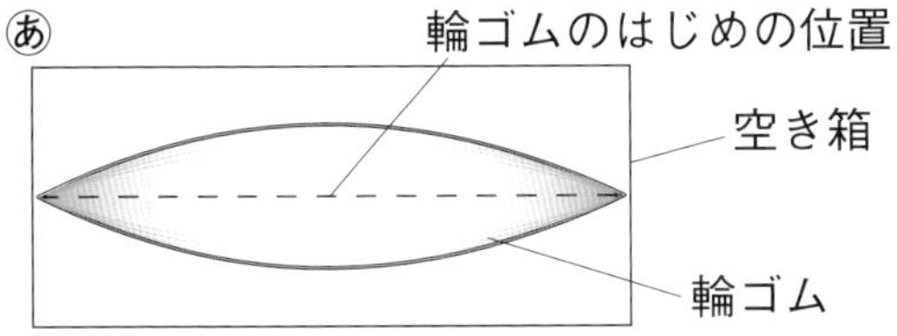

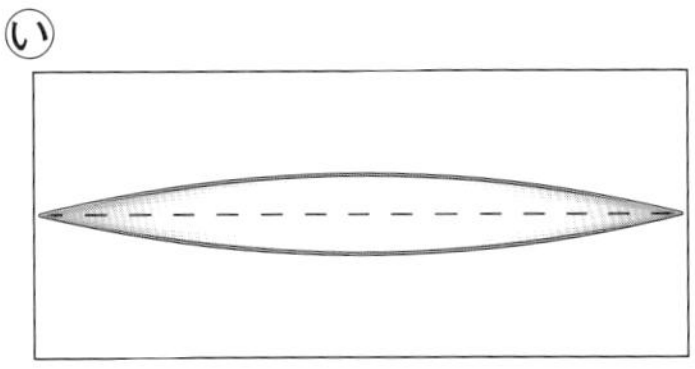

(1) [あ]と[い]のうち，㋐の輪ゴムのようすを表しているのはどちらですか。

（　　　）

(2) [あ]と[い]のうち，輪ゴムから出た音が大きく聞こえたときのようすを表しているのはどちらですか。（　　　）

(3) 次の文が正しくなるように，①，②にあてはまる言葉を書きましょう。

①（　　　　　　）　②（　　　　　　）

輪ゴムの音が聞こえているとき，輪ゴムはずっと（ ① ）ているが，この輪ゴムをさわって（ ① ）を止めると，音は（ ② ）なる。

2 図のように，てつやさんが鉄ぼうに耳をあてた場所から少しはなれたところで，さおりさんが鉄ぼうを軽く２回たたきました。次の問いに答えましょう。

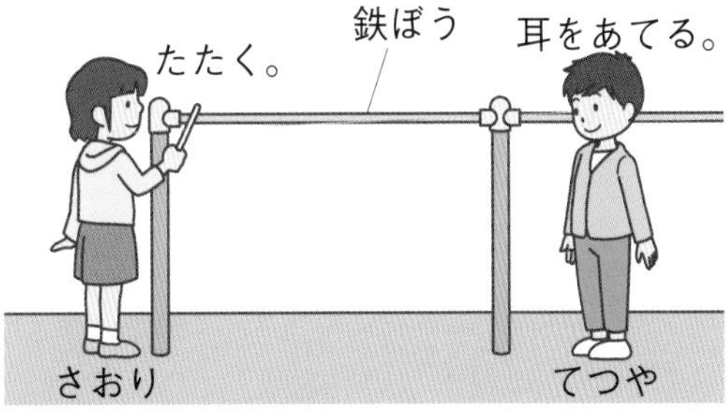

(1) てつやさんが聞いた音として，正しいものを，次のア～エから選びましょう。

（　　　）

ア　１回　　イ　２回　　ウ　３回　　エ　聞こえなかった。

(2) さおりさんは，鉄ぼうをたたくとき，１回目は弱く，２回目は強くたたきました。このときの鉄ぼうがふるえたようすを説明した文として正しいものを，次のア～エから選びましょう。（　　　）

ア　１回目のほうが大きくふるえた。　　イ　２回目のほうが大きくふるえた。

ウ　ふるえ方は１回目と２回目で同じであった。　　エ　ふるえなかった。

答え▶10ページ

✦✦✦ **ハイ** レベル ｜ マスターしよう

❶ けんじさんは，図1のように，空き箱の辺アイ，辺エウ，辺オカ，辺クキをそれぞれ4等分する位置に点をとり，点線を引きました。次に，箱に輪ゴムをかけ，点線の上を通るように，木のぼうを輪ゴムの下に通しました。また，図1の木のぼうの置き方を変えた，図2も作りました。そして，図1と図2の矢印の部分をはじいて，音について確かめました。【ぎもん】は，けんじさんが音について考えたぎもんと，それについて調べた答えをまとめたものです。あとの問いに答えましょう。

図1
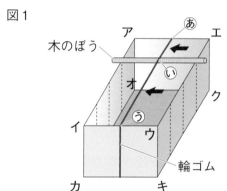

図2
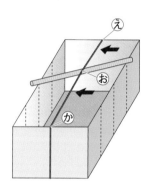

【ぎもん】音の高さは何によって変わるのか。
　答え：音の高さは，音を出しているものが，1秒間にふるえる回数によって決まる。ふるえる回数が多いほど，高い音が出る。また，音を出しているものの長さが長いほど，音は低くなる。

(1) 図1で，音が出ているときは，輪ゴムがどのようになっていますか。
（　　　　　　　　　　　　　　　　）

(2) 図1のⓘⓤ間の矢印の部分を，はじき方を変えて2回はじいたところ，2回目のほうが大きな音が出ました。このようになったのは，1回目と比べて，2回目でどのようにはじいたからですか。次のサ～セから選びましょう。
（　　　　）

　サ　弱くはじいたから。　　　シ　強くはじいたから。
　ス　たくさんはじいたから。　セ　少なくはじいたから。

(3) 図1，図2の矢印の部分をそれぞれはじいたところ，音が出ました。出た音が高い音から低い音の順になるよう，次のサ～セをならべましょう。
　サ　ⓐⓘ間　　シ　ⓘⓤ間　　ス　ⓔⓞ間　　セ　ⓞⓚ間
（　　　→　　　→　　　→　　　）

❷ あいこさんは，音に関係した次の出来事をもとに，音の性質について考えています。これについて，あとの問いに答えましょう。

【出来事】
1　プールの水にもぐって泳いでいたところ，先生がふいた笛の音が聞こえたので，プールから出て，休けいをした。
2　毎日午後4時半になると①町に立っているスピーカーから音楽が流れるが，この音楽をわたしの家から聞くと，いつも数秒おくれて同じ音楽が重なって聞こえる（図1）。
3　4つに分かれた糸電話で話すと，ある人が話した内容が，他の3人全員に伝わった（図2）。
4　同じ形，大きさのびん㋔，㋕のうち，㋔には水を150g，㋕には水を50g入れた。2本のびんをぼうでたたき，出る音について調べた（図3）。

図1

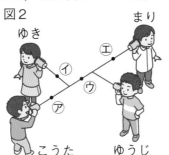
図2

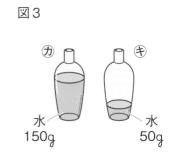
図3

(1)　下線部①で，スピーカーから流れた音楽をあいこさんの耳まで伝えているものは何だと考えられますか。次のア〜エから選びましょう。
　　ア　空気　　イ　太陽の光　　ウ　温度　　エ　風　　　　（　　　）

(2)　図2で，こうたさんが話していることを，次の①，②の人だけが聞こえないようにするためには，図2の㋐〜㋓の点のうち，どこの糸をつまめばよいですか。それぞれ選びましょう。
　　①　ゆきさん　　　　　　　　　　　　　　　　　　（　　　）
　　②　ゆうじさんとまりさん　　　　　　　　　　　　（　　　）

(3)　②音の高さは，音を出すものが同じ時間で多くふるえると高い音になり，少なくふるえると低い音になります。【出来事】4では，2本のびんから出た音の高さはちがっていました。高い音が出たのは，㋔と㋕のどち  図4
らですか。
　　　　　　　　　　　（　　　）

(4)　図4のように，【出来事】4で使った水が入ったびんの口から，息をふきこむと音がしました。このとき，高い音が出たのは㋔と㋕のどちらですか。下線部②を参考にして答えましょう。
　　　　　　　（　　　）

答え ▶ 11ページ

10 電気

 トライ しよう

●回路のつなぎ方，豆電球のしくみ

　豆電球に明かりをつけるには，かん電池の＋極と－極の間に豆電球をつなぐ。このようにすると，電気の通り道が1つの輪のようになり，豆電球に電気が通り，明かりがつく。このような電気の通り道を回路という。

回路

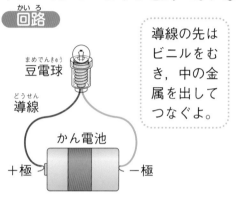

豆電球
導線
かん電池
＋極　　　－極

導線の先はビニルをむき，中の金属を出してつなぐよ。

豆電球のつくり

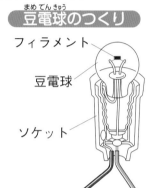

フィラメント
豆電球
ソケット

ソケットがないときは，豆電球の → の2か所の金属部分に導線を直接つなげばいいよ。

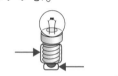

●電気を通すもの，通さないもの

　身のまわりのいろいろなもののうち，鉄や銅，アルミニウムなどの金属は電気を通す。木や紙，プラスチックなどは電気を通さない。

🧪 実験 ▶ 電気が通るものを調べる

●回路のとちゅうに，いろいろなものをついで，明かりがつくか調べよう！

右の回路の □ の部分に調べるものを置いて導線をつなぎ，豆電球に明かりがつくか調べる。

❗結果 明かりがついたもの

金属部分は明かりがついた。
印刷部分は明かりがつかなかった。
金属部分は明かりがついた。

鉄のかん

10円玉（銅）

はさみ（金属部分）

明かりがつかなかったもの

ガラスのコップ

プラスチックのじょうぎ

紙のコップ

キーポイント

▶回路につないだ豆電球は，明かりがつく。
▶金属でできたものは電気を通す。紙や木，プラスチックなどは電気を通さない。

1 **かん電池，豆電球，導線を使って㋐～㋗の回路をつくり，豆電球に明かりをつけます。ただし，㋔～㋗ではソケットを使っています。あとの問いに答えましょう。**

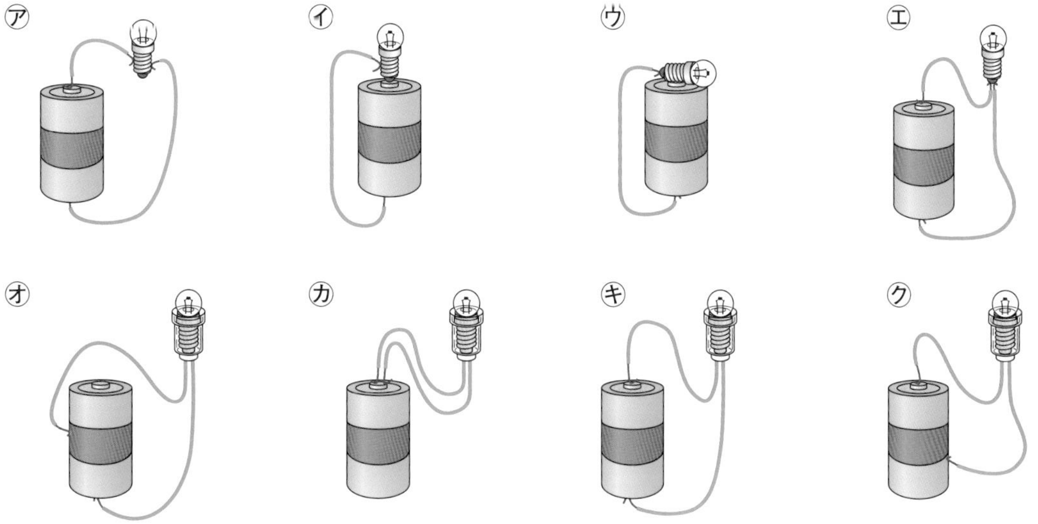

(1) 豆電球の明かりがつくつなぎ方をすべて選びましょう。
（　　　　　）

(2) 次の文は，明かりがつく回路のつなぎ方に共通していることを説明したものです。①，②にあてはまる言葉を，あとの**ア**～**エ**からそれぞれ1つずつ選びましょう。
①（　　　）②（　　　）

かん電池の＋極と豆電球，かん電池の（ ① ）が，1つの（ ② ）のようにつながっている。

ア 輪　**イ** ぼう　**ウ** －極　**エ** N極

2 **次の㋐～㋓のものについて，あとの問いに答えましょう。**

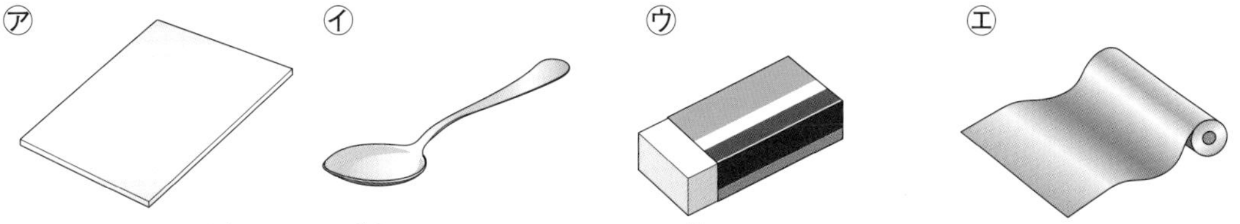

ガラスの板　鉄のスプーン　消しゴム　アルミニウムはく

(1) 電気を通すものをすべて選びましょう。（　　　　　）

(2) (1)で選んだもののもととなる，電気を通すもののなかまを何といいますか。
（　　　　　）

10 電気

答え▶11ページ

ハイレベル

マスターしよう

1 図の①～③に，導線を1本追加して，豆電球の明かりがつくようにします。導線をどのようにつなげばよいですか。それぞれの図に導線をかきくわえましょう。

①

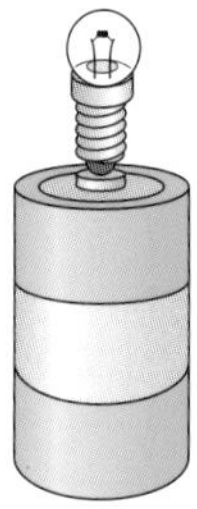

②

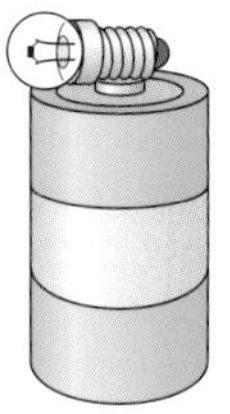

③

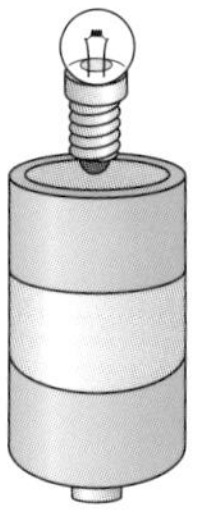

2 けんさんは，下の図のような箱の中で，導線がどのようにつないであるか調べています。導線のはしを①，②，③，④にそれぞれつないだところ，結果は次のようになりました。あとの問いに答えましょう。

【結果】
- ①と②，また，③と④につないだとき，豆電球の明かりがついた。
- ①と③，また，①と④につないだとき，豆電球の明かりがつかなかった。

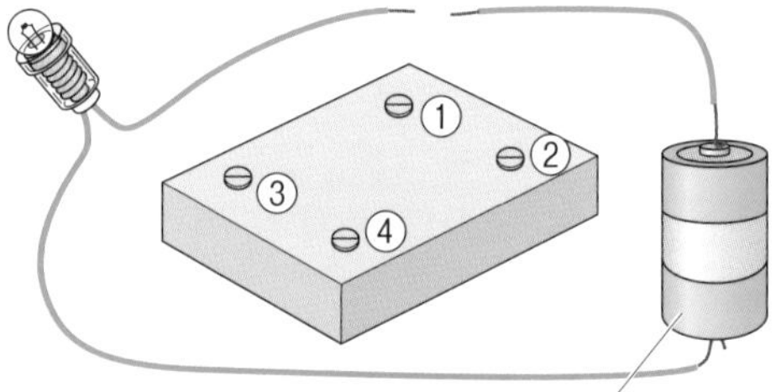

(1) 箱の中の導線のつなぎ方はどれですか。次の㋐～㋓から選びましょう。ただし，図の┈┈┈は導線を表しています。（　　　）

㋐

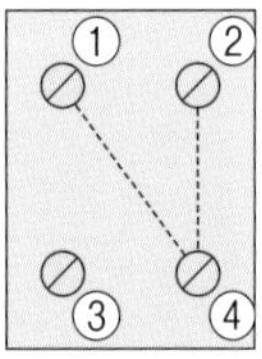

㋑

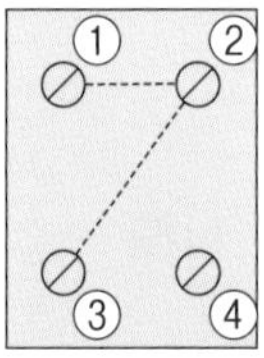

㋒

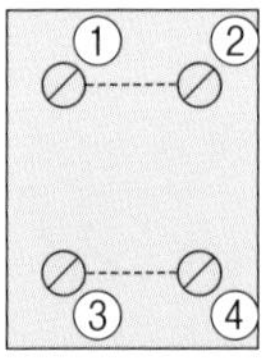

㋓

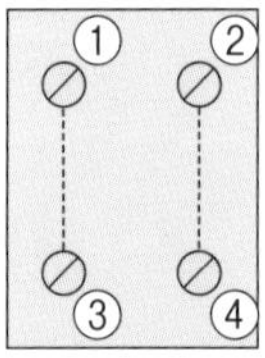

(2) まゆさんは，けんさんと同じ回路を作りましたが，豆電球がつきませんでした。そこで，回路のある部分を直したところ，豆電球の明かりがつきました。次のア～エのうち，直したことであると考えられるものには○，直したことではないと考えられるものには×をつけましょう。

ア（　　　）豆電球がゆるんでいたので，ソケットにねじってさしこんだ。

イ（　　　）かん電池の色がついた部分によごれがついていたので，ふいた。

ウ（　　　）導線のはしのビニルがむけていなかったので，1.5cmぐらいむいた。

エ（　　　）導線のはしを，かん電池の色がついた部分にセロテープでしっかりとめた。

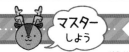

❸ 右の図のように，豆電球とか
ん電池をつないだものと，持つ
ところがプラスチックで，切る
ところが鉄でできたはさみがあ

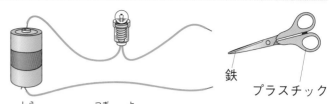

鉄　　プラスチック

ります。このはさみが電気を通すか調べます。次の問いに答えましょう。

(1) 導線の先を，下の①〜③のようにはさみにつけました。豆電球の明かりがつく
　　ものに○，つかないものに×をつけましょう。

①（　　　　　）　　　　②（　　　　　）　　　　③（　　　　　）

 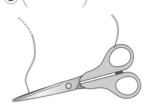 

(2) 次の文は，この実験からわかることをまとめたものです。①〜③にあてはまる
　　言葉を，あとのア〜エから選びましょう。

①（　　　　　）　　②（　　　　　）　　③（　　　　　）

　　（　①　）は電気を通さないが，（　②　）は電気を通す。

　　よって，（　②　）は（　③　）であるといえる。

　　ア　鉄　　イ　金属　　ウ　プラスチック　　エ　木

(3) 右の図のように，はさみを広げて導線の先をつけまし
　　た。豆電球に明かりはつきますか，つきませんか。

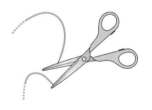

（　　　　　　　　　　）

❹ たけみちさんとあきこさんが，アルミニウムでできた空きかんを回路につないで
豆電球の明かりをつけようとしたところ，たけみちさんの豆電球はつきましたが，
あきこさんの豆電球はつきませんでした。あきこさんが作った回路は，㋐と㋑のど
ちらですか。また，明かりがつかなかった理由を書きましょう。

㋐　　　　　　　　　　　けずってある　　　　　　　㋑

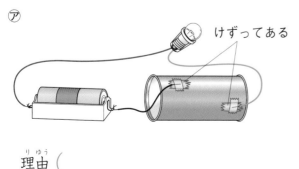 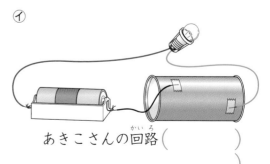

あきこさんの回路（　　　　　　　）

理由（　　　　　　　　　　　　　　　　　）

47

11 じしゃくの性質

● じしゃくにつくもの，つかないもの

じしゃくにつくもの

鉄くぎ　ゼムクリップ　スチールかん

じしゃくにつかないもの

えんぴつ　　アルミかん　　10円玉(銅)

じしゃくには，鉄でできたものを引きつける性質がある。

● じしゃくの性質

・じしゃくの力は，じしゃくと鉄の間をあけたり，じしゃくにつかないものをはさんだりしてもはたらく。

・N極とS極の部分が，最も強く鉄を引きつける。

・N極どうし，S極どうしはしりぞけ合う。N極とS極は引き合う。

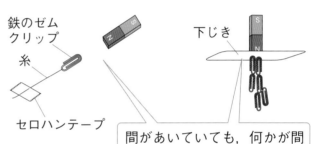

鉄のゼムクリップ　糸　セロハンテープ

下じき

間があいていても，何かが間にあっても引きつけている。

同じ極どうし→しりぞけ合う

しりぞけ合う。　　しりぞけ合う。

ちがう極どうし→引き合う

引き合う。

● じしゃくにつけた鉄

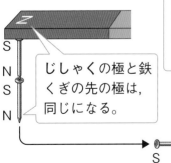

じしゃくの極と鉄くぎの先の極は，同じになる。

鉄くぎの先はN極になっているので，方位じしんのふれる向きを変える。

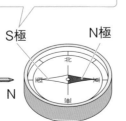

S極　N極

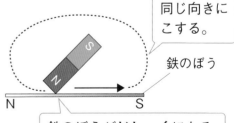

同じ向きにこする。

鉄のぼう

鉄のぼうがじしゃくになる。

じしゃくにつけたり，じしゃくでこすったりした鉄は，じしゃくになるよ。

キーポイント

▶鉄はじしゃくにつく。じしゃくにつけた鉄は，じしゃくになる。
▶じしゃくの同じ極どうしはしりぞけ合い，ちがう極どうしは引き合う。

1 じしゃくの性質を調べています。次の問いに答えましょう。

図１

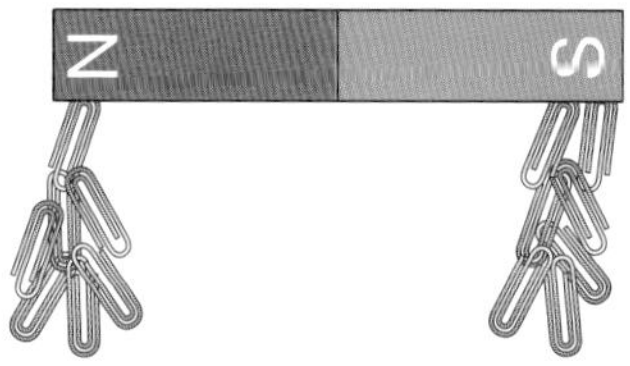

(1) じしゃくにゼムクリップを近づけると，図１のようになりました。次の①～④のうち，図１からわかることとして正しいものに○をつけなさい。

① (　　　) じしゃくの力は，温度によって変わる。
② (　　　) じしゃくの力が強いのは，極の近くである。
③ (　　　) N極とS極では，N極のほうが力が強い。
④ (　　　) このゼムクリップは，鉄でできている。

(2) じしゃくのN極とS極を，下の図のように近づけました。このとき，引き合うものには○，しりぞけ合うものには×をつけましょう。

① (　　　)　② (　　　)　③ (　　　)

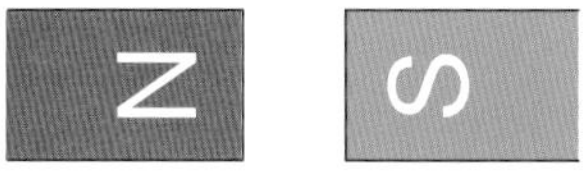

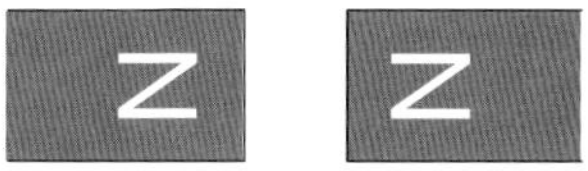

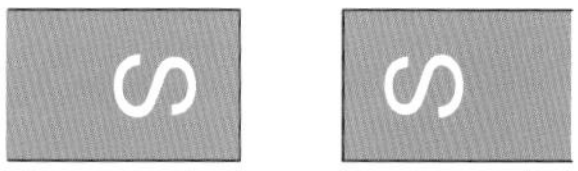

(3) 図２のように，じしゃくに㋐と㋑の２本の鉄くぎをつないでつけました。この後，図３のように，㋐の鉄くぎを小さい鉄くぎに近づけました。このとき，小さい鉄くぎはどうなりますか。

図２

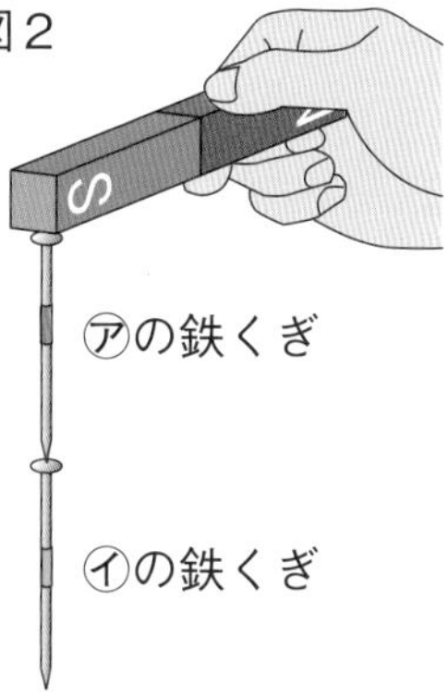

図３

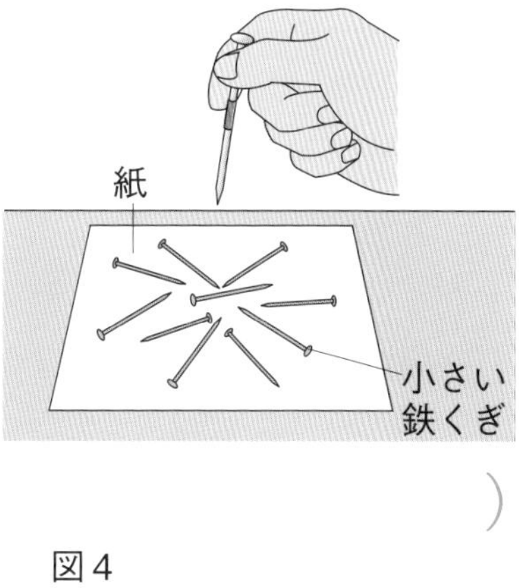

(　　　　　　　　　　　　　　　　　　　　　　　　　　　　　)

(4) ㋐の鉄くぎの先を方位じしんのはりに近づけたところ，図４のようになりました。このことから，[あ]の部分は何極になっていると考えられますか。

(　　　　　　　　)

図４

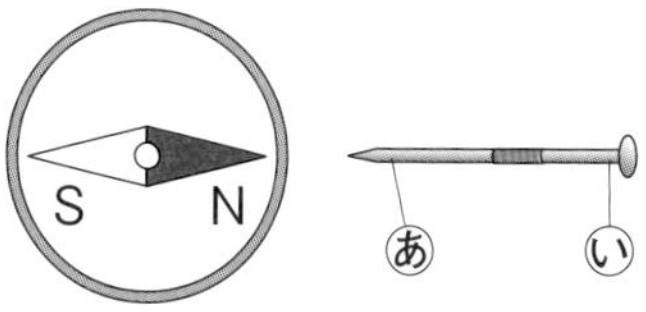

(5) 図４の㋐の鉄くぎを逆向きにして，[い]の部分を方位じしんのはりに近づけました。このとき，方位じしんのはりは図４のときと比べてどのようになりますか。

(　　　　　　　　　　　　　　　　　　　　　　　　　　　　　)

··············◆◆◆ ハイ レベル ·············· マスターしよう

❶ 図1のように，じしゃくに2本の鉄くぎ_(てっ)をつけました。あとの問いに答えましょう。

図1

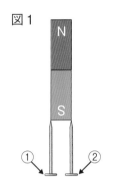

図2 ㋐ ㋑

図3

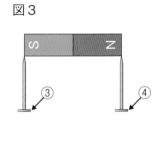

(1) 図1の①，②は，N極_(エヌきょく)とS極_(エスきょく)のどちらになっていますか。

①（　　　　　　　）

②（　　　　　　　）

図4

㋐ 　㋑

(2) 図1の2本の鉄くぎ_(てっ)のようすは，図2の㋐，㋑のどちらのようになると考えられますか。（　　　　　）

(3) 図3の③，④は，N極_(エヌきょく)とS極_(エスきょく)のどちらになっていますか。

③（　　　　　　　　　　）　④（　　　　　　　　　　）

(4) 図3の2本の鉄くぎ_(てっ)のようすは，図4の㋐，㋑のどちらのようになると考えられますか。（　　　　　）

(5) (4)のようになると考えたのは，じしゃくにどのような性質_(せいしつ)があるからですか。「極」_(きょく)という言葉_(ことば)を使って_(つか)書きましょう。

（　　　　　　　　　　　　　　　　　　　　　　　　　　　　）

❷ 下の図のように，極_(きょく)のわからないじしゃくの㋐の部分_(ぶぶん)で，鉄_(てっ)でできたぬいばりを同じ向き_(む)にこすりました。このぬいばりの先に方位_(ほうい)じしんを近づけたところ，方位_(ほうい)じしんは図のようになりました。このことから，ぬいばりをこすっていたじしゃくの㋐は，何極_(きょく)だったと考えられますか。（　　　　　　　　　）

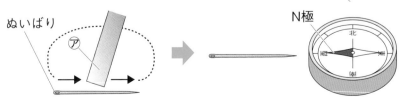

ぬいばり　㋐

N極

3 発ぽうスチロールの板にじしゃくをのせて，右の図のような船を作りました。次の問いに答えましょう。

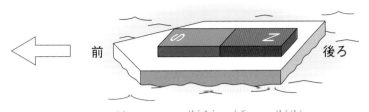

前　　　　　　　後ろ

(1)　この船をさわらずに，じしゃくを１本使って前の方向へ動かす方法を，２つ書きましょう。

（　　　　　　　　　　　　　　　　　　　　　　　　）

（　　　　　　　　　　　　　　　　　　　　　　　　）

(2)　(1)で利用したじしゃくの性質を，次の文にまとめました。①～③にあてはまる言葉を書きましょう。

①（　　　　　　　　　）　②（　　　　　　　　　）

③（　　　　　　　　　）

　じしゃくの同じ極の間には（　①　）力が生じ，じしゃくのちがう極の間には（　②　）力がはたらく。また，じしゃくの力は，じしゃくどうしが（　③　）いてもはたらく。

(3)　この船のまわりに鉄やじしゃくを置かないで，水にうかべて放置したところ，船の前は，ある方位を向いて止まりました。どの方位を向いていたでしょうか。次のア～エから選びましょう。

（　　　　　）

ア　東　　イ　西　　ウ　南　　エ　北

ちょこっと サイエンス

＜地球は大きなじしゃく＞

　ぼう形のじしゃく（ぼうじしゃく）を空中に糸でつるし，まわりに他のじしゃくを置いたり，さわったりしないようにすると，ぼうじしゃくは動かなくなります。このとき，ぼうじしゃくのN極は北，S極は南を指しています。この現象は，地球上であれば，日本でも，カナダでも，オーストラリアでも同じことが起こります。

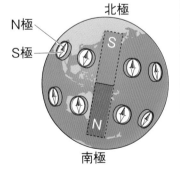

北極

N極
S極

南極

　実は，地球は北極付近がS極で，南極付近がN極になった大きなじしゃくなのです。だから，自由に動くことができるぼうじしゃくのN極は，地球のS極（北極）を向き，ぼうじしゃくのS極は，地球のN極（南極）を向くのです。

12 ものの重さ

✦ ✦ ✦ **標準** レベル

トライ
しよう

●台ばかりの使い方

① 台ばかりを水平なところに置く。

② はりが「0」を指すようにねじを回す。

③ はかるものを台の上に静かにのせ，はりが指す目もりを正面から読む。

④ はりが目もりの間にあるときは，**近いほうの目もり**を読む。

ものの重さは，電子てんびんを使ってもはかることができるよ。

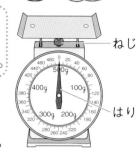
ねじ
はり

●ものの重さ

🧪 **実験** 形や置き方を変えたときのものの重さを調べる

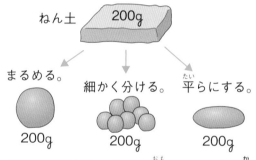

●形を変えて重さを調べてみよう。

ねん土　200g

まるめる。　細かく分ける。　平らにする。

200g　　　200g　　　200g

★**わかったこと** ものの重さは，**形を変えても変わらない**。

●置き方を変えて重さを調べてみよう。

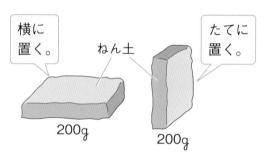

横に置く。　ねん土　たてに置く。

200g　　　　200g

★**わかったこと** ものの重さは，**置き方を変えても変わらない**。

●ものの体積と重さ

🧪 **実験** 同じ体積にしたいろいろなものの重さを調べる

●体積が同じ4種類のものの重さを比べてみよう。

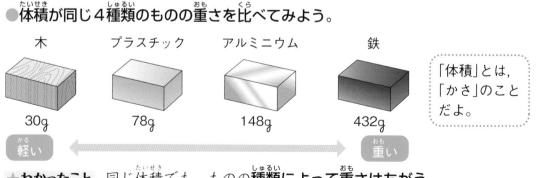

木　　プラスチック　　アルミニウム　　鉄

30g　　78g　　148g　　432g

「体積」とは，「かさ」のことだよ。

軽い ⟷ 重い

★**わかったこと** 同じ体積でも，ものの**種類によって重さはちがう**。

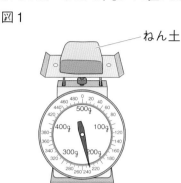

▶ものの重さは，形が変わっても，置き方を変えても変わらない。
▶ものの種類によって，同じ体積で比べたときの重さがちがう。

---

1 ねん土の重さを図1のようにして台ばかりではかったら，はりが図2のようになりました。あとの問いに答えましょう。

図1

ねん土

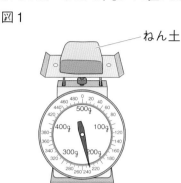

図2

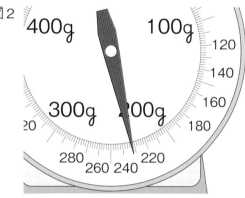

(1) 図2から，ねん土の重さは何gでしたか。 （　　　　　）

(2) (1)で重さをはかったねん土を図3，図4のようにして重さをはかりました。それぞれ重さは(1)に比べてどうなりますか。次のア～ウから選びましょう。

図3

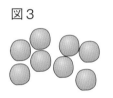

図4

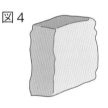

図3（　　　　） 図4（　　　　）

ア (1)より重くなる。　　イ (1)より軽くなる。　　ウ (1)と同じになる。

---

2 同じ体積・形で，ちがうものでできている，㋐～㋒の3つのブロックの重さを調べたところ，それぞれ右の図に示した値でした。次の問いに答えましょう。

㋐
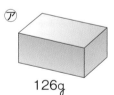
126g

㋑
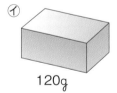
120g

㋒
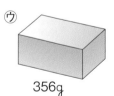
356g

(1) ㋐～㋒のブロックを，それぞれ5個ずつ集めました。合計の重さが最も重くなるのはどれですか。 （　　　　　）

(2) ㋐～㋒のブロックを細かくわったあと，それぞれ1kgずつ集めました。体積が最も大きくなるのはどれですか。 （　　　　　）

(3) ㋐～㋒のブロックのどれか1つを選び，半分に切って重さをはかると63gでした。㋐～㋒のどのブロックを切ったと考えられますか。 （　　　　　）

💡 **思考力アップ**

体積が半分になると，重さも半分になります。

12 ものの重さ

答え▶13ページ

ハイレベル

マスターしよう

❶ まりかさんは，体重計の上に㋐～㋒のようにして立っています。㋐のとき，体重計は32kgを示していました。あとの問いに答えましょう。

(1) ㋑，㋒で，体重計はどのような数字を示しますか。次の**ア～ウ**からそれぞれ選びましょう。

㋑（　　　）
㋒（　　　）

ア　32kgより重い。　**イ**　32kgより軽い。　**ウ**　32kg

(2) (1)からどのようなことがわかりますか。次の**ア～エ**から正しいものを選びましょう。（　　　）

ア　同じものならば，長さが長くなっても重さは変わらない。
イ　同じものでも，長さが長くなると重さは重くなる。
ウ　同じものならば，形が変わっても重さは変わらない。
エ　同じものでも，形が変わると重さは変わる。

ホッとひといき

答えの□の文字を集めてならべかえると，何の言葉になるかな。

❶電気が必要なら，これを使おう。○□○○○
❷モンシロチョウと同じ育ち方をするこん虫で，頭に「Y」字型のつのがあり，木のしるを食べる。○○○□○
❸方位を調べるときに使う道具。○□○○○○
❹太陽が地平線からのぼってくる方位は，○○□。
❺鼻が長いのが特ちょうのサル。□○○○○
❻オニヤンマ，アキアカネなどが有名。□○○

言葉 □□□□□□

❷ ジャガイモ，ニンジン，サツマイモ，ナスの4種類の野菜をブロックの形に切り，水の中に入れたところ，1種類だけ水にうき，他はすべて水にしずみました。そこで，それぞれの野菜で作ったブロックの重さを，図1のように調べました。その後，図2のように，水をいっぱいに入れたボールの中に，切った野菜のブロックを入れ，あふれた水の重さを調べました。ただし，水にういた野菜は，細いはり金でしずめて測定しました。表は，切った野菜のブロックの重さと，あふれた水の重さをまとめたものです。あとの問いに答えましょう。

図1　野菜のブロック／電子てんびん／220g

図2　水／ボール／野菜／バット／あふれた水

野菜の名前	ジャガイモ	ニンジン	サツマイモ	ナス
野菜のブロックの重さ〔g〕	244	120	210	67
あふれた水の重さ〔g〕	200	100	200	100

(1) 次の文は，実験で調べた「あふれた水」について説明したものです。①にあてはまる言葉を，あとのア～エから選びましょう。また，②にあてはまる野菜の名前を書きましょう。　　①（　　　　　）　②（　　　　　　　　　　）

「あふれた水」の重さのちがいは，それぞれの野菜のブロックの（　①　）のちがいとして考えることができる。よって，ジャガイモとニンジンを比べると，（　①　）が大きいのは（　②　）である。

ア　重さ　　イ　体積　　ウ　かたさ　　エ　長さ

(2) 表から，水にういた野菜はどれであったと考えられますか。表から1つ選び，野菜の名前を書きましょう。ただし，同じ体積の水と野菜を比べたとき，水よりも重い野菜は水にしずみ，水よりも軽い野菜は水にうきます。

💡 思考力アップ
同じ体積あたりの重さがいちばん軽い野菜はどれか考えてみましょう。

（　　　　　　　　　　）

(3) 大きさを変えたニンジンのブロックを，図2のようにボールの水の中に入れたところ，200gの水があふれました。このときのニンジンのブロックの重さは何gですか。　　　　　　　　　　　　　　（　　　　　　　　　　）

3章 ものの性質

★★★ チャレンジ テスト

1 赤と青の豆電球を使い，図のような，2つの豆電球にかわるがわる明かりがつくおもちゃを作っています。次の問いに答えましょう。 1つ10〔30点〕

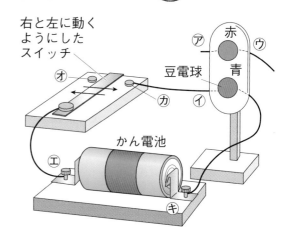

(1) 図のスイッチは金属でできていて，左右に動かすと㋘や㋑の金属のねじにふれるようになっています。下線部のようにするためには，㋐，㋒の導線をどのようにつなげばよいですか。図に，線でかきましょう。

(2) (1)で作った回路を使って，スイッチを㋘につけました。このとき，赤，青のどちらの豆電球に明かりがつきますか。　　　（　　　　　　　　　　　）

(3) ㋐の導線をかん電池の㋓につなぎ，㋑の導線のはしを㋕からはずして㋓につなぎ，㋒の導線をかん電池の㋖につなぎました。このとき，豆電球の明かりはどうなりますか。

（　　　　　　　　　　　　　　　　　　　　　　　　　　　　　）

2 図のように，ダンボールにプロペラを取りつけ，プロペラにつないだ輪ゴムをダンボールにとめた車を作りました。プロペラを何回かまわしたあと，ゆかに置くと，車は前進しました。プロペラを20回，30回，40回まわしたときに車が走るきょりを調べました。表は，その結果をまとめたものです。次の問いに答えましょう。

プロペラをまわした回数	20回	30回	40回
進んだきょり	2.5m	5.6m	10.0m

1つ8〔16点〕

(1) この車は，ゴムのどのような性質を利用して動いていますか。

（　　　　　　　　　　　　　　　　　　　　　　　　　　　　　）

(2) この車を9m付近で止めるためには，プロペラを何回ぐらいまわすとよいですか。次のア～エから選びましょう。　　　　（　　　　　　）

ア 22回　　イ 28回　　ウ 38回　　エ 48回

得点　　点

3 同じ形，大きさの２本のぼうがあります。１本は鉄のぼうで，もう１本はぼうの形のじしゃく（ぼうじしゃく）ですが，どちらが鉄のぼうなのかがわかりません。そこで，次の２つの実験をしました。あとの問いに答えましょう。 1つ9〔54点〕

［実験１］

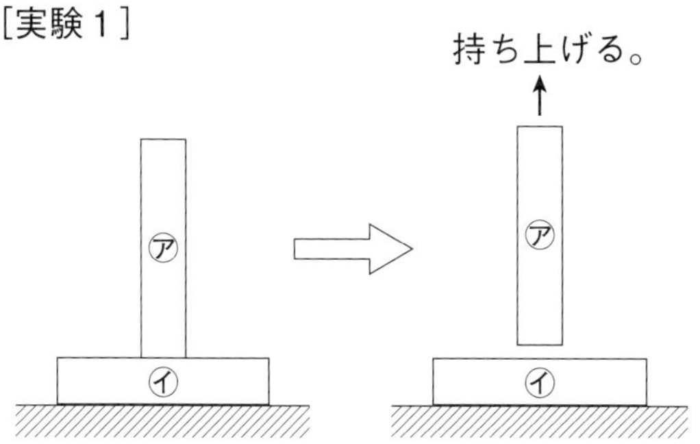

［実験２］

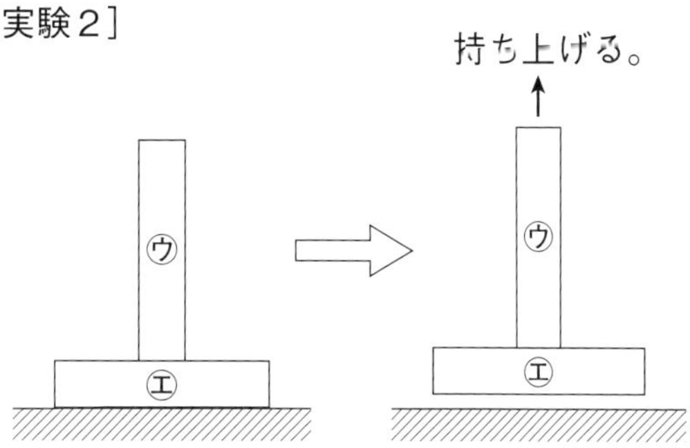

(1)　［実験１］では，㋐で㋑を持ち上げることはできませんでした。このことからわかることを，次のア～ウから選びましょう。　（　　　）

ア　㋐が鉄のぼうで，㋑がぼうじしゃく

イ　㋐がぼうじしゃくで，㋑が鉄のぼう

ウ　どちらがぼうじしゃくかは，わからない。

(2)　［実験２］では，㋒で㋓を持ち上げることができました。このことからわかることを，次のア～ウから選びましょう。　（　　　）

ア　㋒が鉄のぼうで，㋓がぼうじしゃく

イ　㋒がぼうじしゃくで，㋓が鉄のぼう

ウ　どちらがぼうじしゃくかは，わからない。

次に，２つの円形のじしゃく㋔と㋕を用いて［実験３］を行いました。じしゃく㋔と㋕を重ねた後，㋔を持ち上げたところ，㋕を持ち上げることができました。

［実験３］

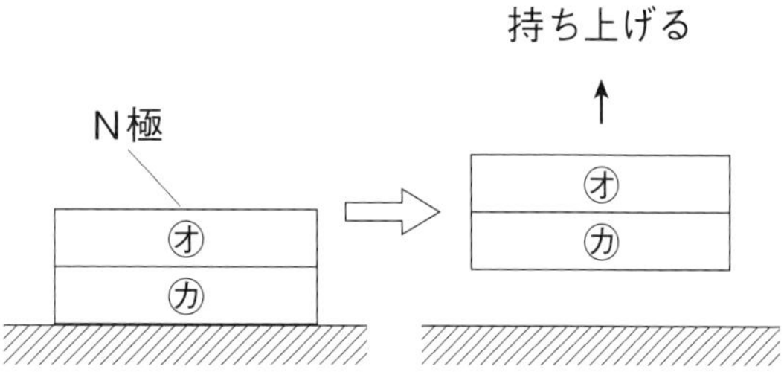

(3)　［実験３］の㋔の上面は，N極でした。㋔の下面，㋕の上面，㋕の下面は，それぞれ何極ですか。

㋔の下面（　　　）　㋕の上面（　　　）

㋕の下面（　　　）

(4)　［実験３］のあと，㋔と㋕をはなし，㋔をうら返して㋕の上にのせようと思います。㋔はどうなりますか。理由がわかるように書きましょう。

（　　　　　　　　　　　　　　　　）

13 天気と気温

トライ
しよう

●気温のはかり方

温度計を使うとき

温度計に，日光が直接あたらないようにおおいをする。

建物のない風通しのよい場所で使う。

1m20cm〜1m50cm

百葉箱

気温をはかる条件に合わせて作られている。

とびらは北向き

記録温度計

風通しのよいかべ

地面からの高さは，1m20cm〜1m50cm

東　北　南　西

●天気の決め方

雨がふっているときは雨とし，青空が見えているときは晴れ，青空がほとんど見えない場合はくもりとなる。

晴れ		くもり

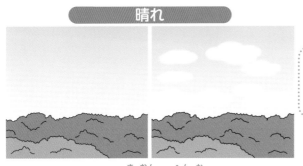

雲の量（青空の見え方）で，天気が決まるよ。

●天気と1日の気温の変化

晴れの日の気温
・1日の気温の変化が大きい。
・朝と夕方（夜）の気温が低く，昼過ぎ（午後2時ごろ）に高くなる。

くもりや雨の日の気温
雲で日光がさえぎられるため，1日の気温の変化が小さい。

空気は地面であたためられるから，地面の温度が高くなる正午より後に，気温が最も高くなるんだよ。

(℃)

20

10

0

9　10　11　正午　1　2　3　(時)

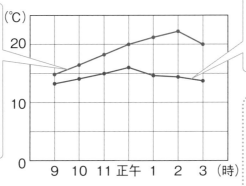

1 右の図のようにして，気温をはかっています。次の問いに答えましょう。

温度計
おおい

(1) 気温をはかるとき，温度計の地面からの高さはどのようにしますか。次のア～エから正しいものを選びましょう。　（　　　　）

　　ア　80cm～1m　　　イ　1m～1m20cm

　　ウ　1m20cm～1m50cm　　　エ　決まっていない。

(2) 図のように，温度計におおいをかぶせて気温をはかるのは，温度計に直接何をあてないようにするためですか。

（　　　　　　　）

(3) 次の文の①，②の（　　）の中から正しいほうを選びましょう。　　　①（　　　　）　②（　　　　）

まわりに建物が①（ア　多くある　　イ　ない），
②（ア　風のない　　イ　風通しのよい）場所で気温をはかる。

2 図1，図2は，晴れの日とくもりの日の午前9時から1時間おきに，午後3時まで気温を調べ，結果をグラフにまとめたものです。あとの問いに答えましょう。

図1

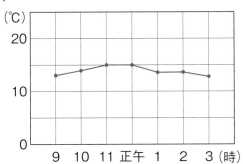

図2

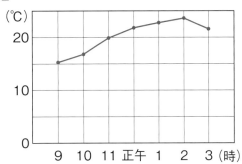

(1) 晴れやくもりの天気のちがいは，何で決まりますか。

（　　　　　　　　　　　）

(2) くもりの日の気温のグラフは，図1と図2のどちらですか。　（　　　　）

(3) 晴れの日に，最も気温が高くなったのは何時ですか。

（　　　　　　）

(4) 晴れの日に，気温が上がり続けたのは，午前9時から何時までででしたか。

（　　　　　　）

学習した日　　月　　日

13 天気と気温

答え▶15ページ

ハイレベル

マスターしよう

1 右の図は，気温を測定するときの条件に合うように作られている箱です。次の問いに答えましょう。

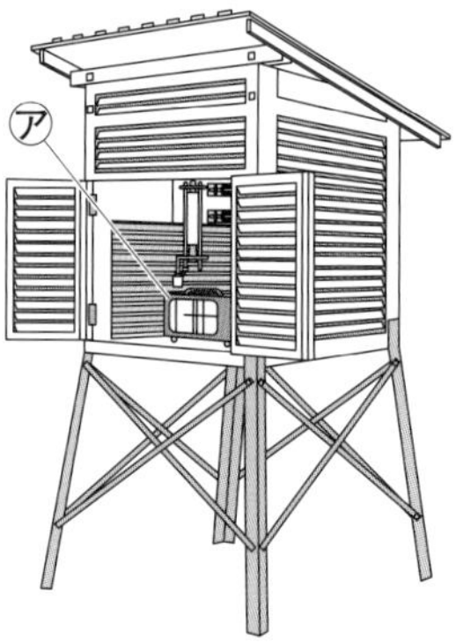

(1) 図の白い箱の名前を書きましょう。(　　　)

(2) 図の白い箱の中にある㋐の機械は，自動で気温をはかるそう置です。㋐を何といいますか。

(　　　)

(3) 次の文の①，②にあてはまる言葉をそれぞれ書きましょう。　①(　　　)　②(　　　)

図の白い箱のとびらは，東西南北のうち，必ず(①)のほうについている。これは，(①)向きについていることで，とびらを開けたときに(②)が白い箱の中に差しこまないようにするためである。

(4) 図の箱は，かべにすき間があいているつくりになっています。このようなつくりになっているのはなぜですか。

(　　　)

2 右の図は，ある日の記録温度計の記録紙の一部です。次の問いに答えましょう。

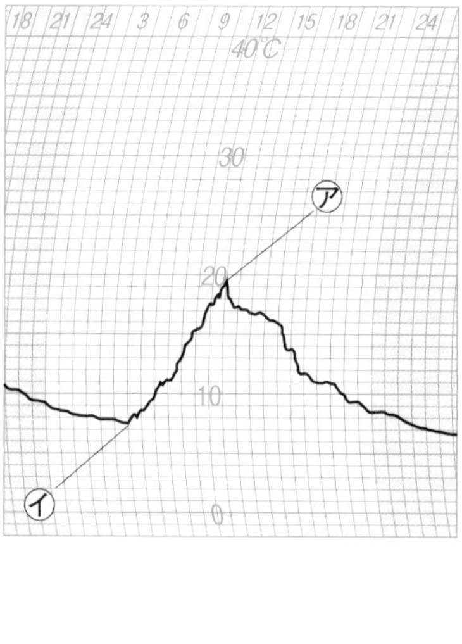

(1) 図で，㋐と㋑を記録した時こくの差は何時間ですか。図から読み取りましょう。

(　　　)

(2) 図の㋐と㋑の気温の差はおよそ何℃になっていますか。最も近いものを，次のア〜エから選びましょう。(　　　)

ア　4℃　　イ　9℃　　ウ　13℃　　エ　18℃

ちょこっとサイエンス

雲は，水や氷の小さなつぶが上空にういているものです。では，飛行機雲は，雲とけむりのどちらでしょうか？　飛行機雲は，飛行機から出た水じょう気や飛行機のまわりの水じょう気が，水や氷のつぶになってできた，雲です。

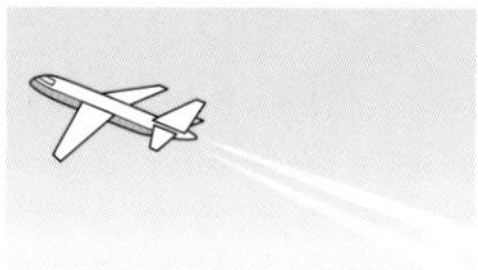

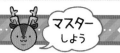

3 みゆきさんは，晴れた日とくもりの日の気温の変わり方を調べ，表にまとめました。また，図１は，表の㋐と㋑をグラフにまとめたもの，図２は，表の㋐と㋑の日に空のようすをさつえいした写真です。これについて，こうきさんが質問しています。あとの問いに答えましょう。

	午前9時	10時	11時	正午	午後1時	2時	3時
㋐	15℃	16℃	19℃	20℃	21℃	22℃	20℃
㋑	12℃	13℃	13℃	13℃	12℃	12℃	12℃

図1 ㋒

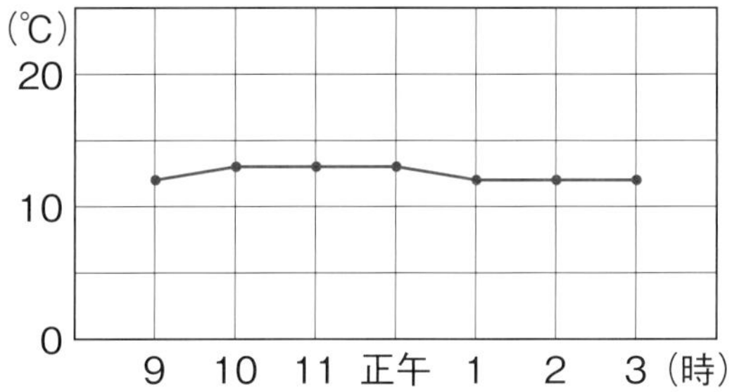

㋓

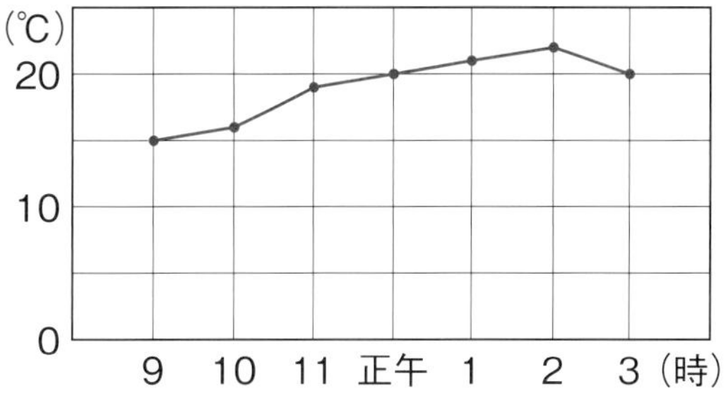

図2 ㋔

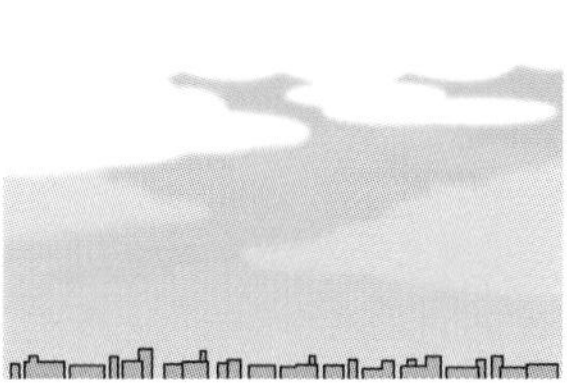

㋕

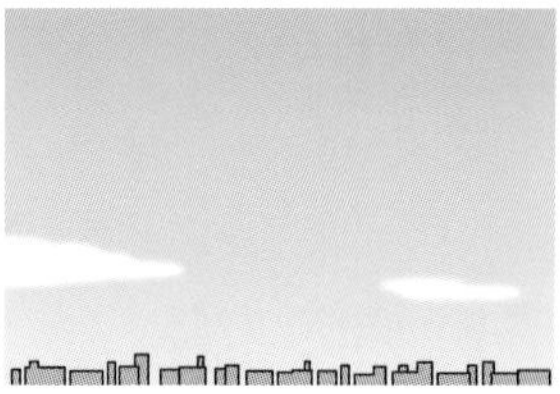

【こうきさんの質問】
　表の㋐を記録した日の天気は（　①　）ではないでしょうか。また，㋐の気温の変化をグラフで表すと図1の（　②　）となり，この日の空のようすは図2の（　③　）ではないかと思います。

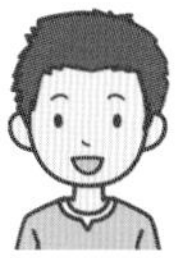

こうき

(1)　こうきさんの質問の内容が正しくなるように，①にあてはまる天気を答えましょう。また，②にあてはまるものを図1の㋒，㋓から，③にあてはまるものを図2の㋔，㋕から，それぞれ選びましょう。

①（　　　　　）②（　　　　　）③（　　　　　）

(2)　こうきさんが(1)の①のように天気を考えた理由を書きましょう。

（　　　　　　　　　　　　　　　　　　　　）

(3)　表の㋐の日に比べて，㋑の日は気温があまり上がっていません。このようになった理由を書きましょう。

（　　　　　　　　　　　　　　　　　　　　）

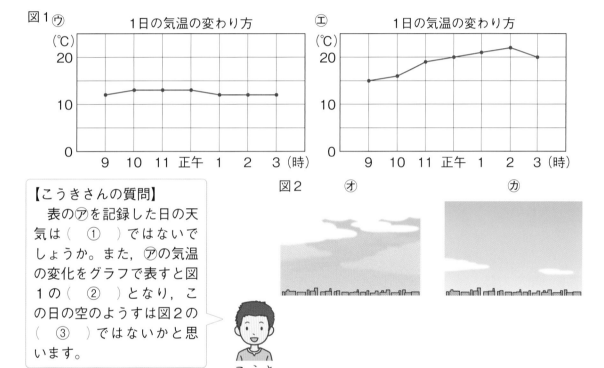

14 生き物の1年間

 標準 レベル  トライ しよう

●植物の1年

ヘチマの1年

発芽

大きくなる。

たね

春 夏 冬 秋

花がさく。

かれる。
（たねができる）

実ができる。

サクラの1年

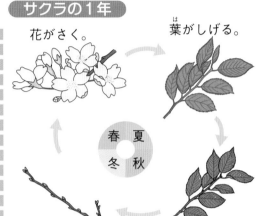

花がさく。

葉がしげる。

春 夏 冬 秋

芽ができる。

葉がかれる。

★まとめ 植物はあたたかくなると，大きく成長する。寒くなると，ヘチマのようにたねを残してかれたり，サクラのように，枝に芽をつけたりして，冬をこす。

●動物の1年

	春	夏	秋	冬
オオカマキリ	よう虫がかえる。	よう虫が成長する。	成虫がたまごを産む。	たまごで過ごす。
ツバメ	南のほうから日本へ来る。巣を作ってたまごを産み，ひなを育てる。	ひなを育てる。（ひなは巣から出始める。）	親はひなに飛び方を教えた後，南のほうへ飛んでいく。	日本にはいない。
ヒキガエル	たまごからおたまじゃくしがかえる。	体の形が，おたまじゃくしからカエルの形に変わる。	カエルが大きく成長する。	土の中で，動かずじっとしている。
テントウムシ	成虫がたまごを産む。→よう虫がかえる。→さなぎになる。→成虫になり，たまごを産むをくり返す。			成虫がかれ葉の下に集まってじっとしている。

★まとめ あたたかくなると，活動がさかんになったり，成長したりする動物の数がふえる。冬の過ごし方は，動物によってちがう。

チョウはさなぎで，カブトムシはよう虫で冬をこすよ。

キーポイント

▶植物は，あたたかくなると成長して実をつける。寒くなるとたねや芽をつけて，冬をこす。

▶動物は，あたたかくなると成長して数をふやす。冬は土の中やたまごで過ごす。

1 図1は，サクラの観察記録のスケッチを集めたものです。あとの問いに答えましょう。

図1　㋐　㋑　㋒　㋓

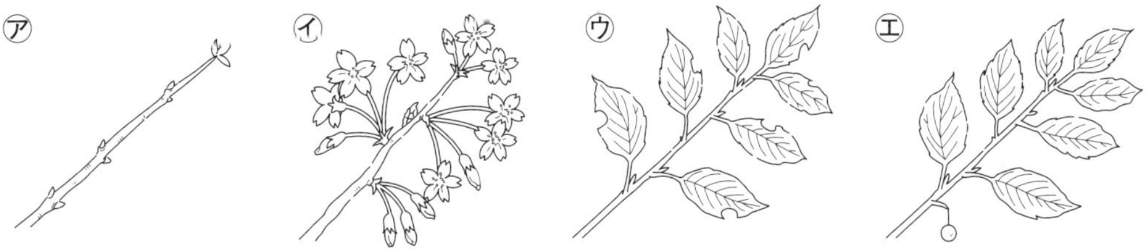

(1) ㋐〜㋓のサクラは，次の①〜④の日に観察されたものです。それぞれの日のスケッチとしてあてはまるものを，㋐〜㋓から１つずつ選びましょう。

① ４月１０日（　　　）　② ６月１０日（　　　）

③ １０月１０日（　　　）　④ １月１０日（　　　）

(2) 夏のサクラは，春のころのサクラと比べると，どのように変化していますか。正しいものにすべて○をつけましょう。

ア（　　　）葉の数が少なくなった。　イ（　　　）枝がのびた。

ウ（　　　）新しいつぼみができた。　エ（　　　）花が実になった。

(3) 春から夏のサクラは，冬のサクラよりもよく育ちます。これはなぜですか。

（　　　　　　　　　　　　　　　　　　　　）

(4) 図2の㋕〜㋘は，いろいろな動物のようすをスケッチしたものです。

図2　㋕　㋖　㋗　㋘

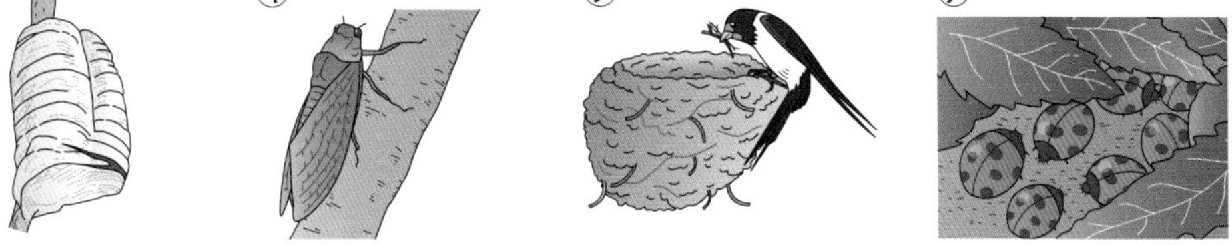

① 図2の㋕は何を表していますか。次の文の[あ]，[い]にあてはまる言葉を書きましょう。

[あ]（　　　　　　）　[い]（　　　　　　）

㋕は，（ [あ] ）の（ [い] ）である。

② 図１の㋐と㋑のサクラが観察された季節に見られる動物のようすとして正しいものを，図2の㋕〜㋘からすべて選びましょう。

㋐（　　　　　　）　㋑（　　　　　　）

14 生き物の1年間

答え ▶ 16ページ

✦✦✦ ハイ レベル ・・・・・・・・ マスターしよう

❶ 下のグラフは，ヘチマのくきの長さを調べ，まとめたものです。あとの問いに答えましょう。

5月15日	1cm
6月15日	50cm
7月15日	1m60cm
8月15日	5m45cm
9月15日	6m45cm

(1) 6月15日から7月15日までにのびたくきの長さはどれくらいでしたか。

（　　　　　　　　　）

(2) くきが最もよくのびたのは，いつからいつまでですか。

（　　　　　　　　　）

(3) 6～7月に比べ，7～8月のほうがよくのびていることから，ヘチマが大きく成長するためには何が必要だと考えられますか。

（　　　　　　　　　）

(4) グラフから，9月のはじめのころのヘチマは，くきがあまりのびなくなっていますが，ヘチマの成長が止まったわけではありません。このころ，ヘチマの何という部分が成長を続けていますか。

（　　　　　　　　　）

❷ 身のまわりにいる動物について調べていたところ，アゲハ，ツバメ，オオカマキリ，セミが観察されました。次の問いに答えましょう。

(1) この観察を行ったのはいつごろだったでしょうか。次のア～エから1つ選びましょう。

（　　　　　　　　　）

　ア　1月ごろ　　イ　4月ごろ　　ウ　7月ごろ　　エ　10月ごろ

(2) この観察を行ったころに，まわりで見られた生き物のようすとして正しいものを，次のア～エからすべて選びましょう。

（　　　　　　　　　）

　ア　コオロギの成虫がたまごを産んでいる。

　イ　ツルレイシの花がさき，実ができ始める。

　ウ　親ツバメがひなを育てていたり，子ツバメが巣立ったりしている。

　エ　ヒキガエルが，土の中でじっとしている。

3 さとるさんは，ヘチマを育てています。また，家の近くで見つけた動物の観察をしています。次の問いに答えましょう。

図1

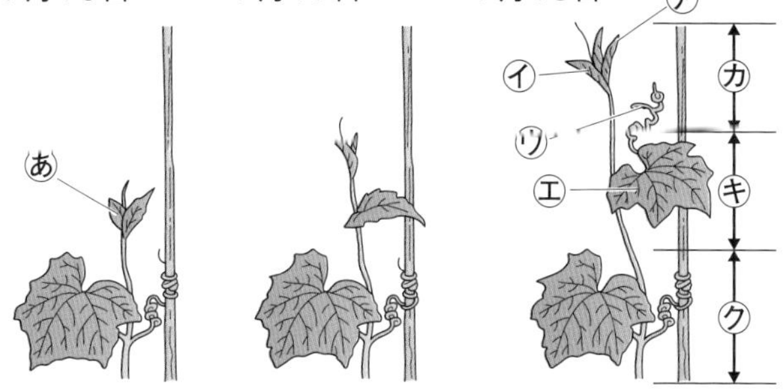

(1) 図１は，７月１６日～１８日まで観察したヘチマのくきの先のようすです。

① 図１の７月１６日の[あ]の葉は，７月１８日の図のどの部分になりますか。㋐～㋓から選びましょう。

(　　　)

② ７月１８日より後にくきが最もよくのびるのは，図１の７月１８日の㋕～㋗のどの部分ですか。

(　　　)

(2) 図２は，観察した動物の記録をまとめようとしたものです。

図2

ツバメのようす	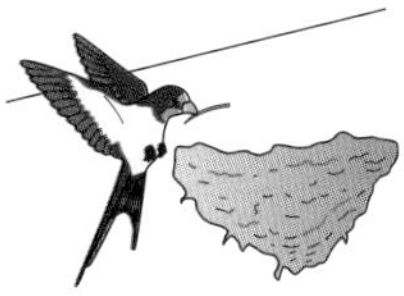 巣を作っている。	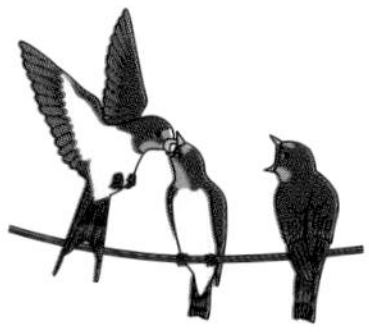 ひなを育てている。	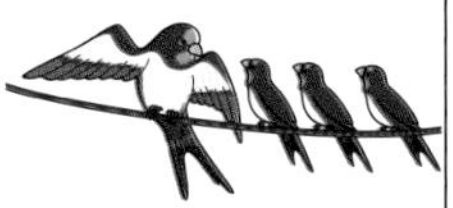 南の地方へ飛んでいく。	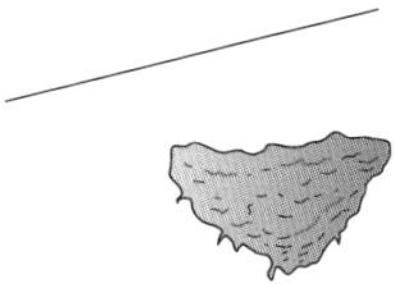 巣にツバメはいない。
カマキリのようす	㋐ (　　　)	㋑ (　　　)	㋒ (　　　)	㋓ (　　　)

図２の㋐～㋓にあてはまるカマキリのようすを，下の[あ]～[え]からそれぞれ１つずつ選び，図２に書きこみましょう。

[あ]

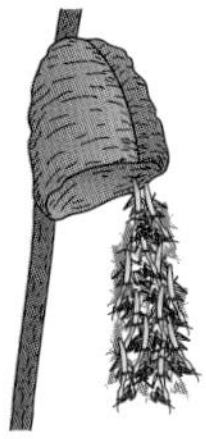

[い]

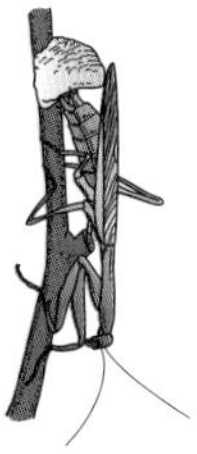

[う]

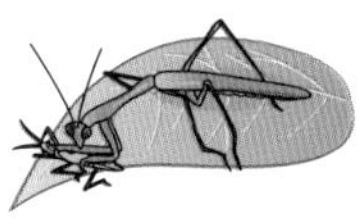

[え]

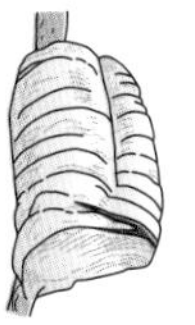

(3) ツバメのように，冬になると地上にすがたが見えなくなる動物を，次の**ア**～**エ**からすべて選びましょう。

(　　　)

ア　ハト　　**イ**　ヒキガエル　　**ウ**　バッタ　　**エ**　カブトムシ

15 体のつくりと運動

標準 レベル　　トライ
しよう

●ヒトのほねときん肉

ヒトの体には**ほね**と**きん肉**がある。

関節：
ほねとほねのつ
なぎ目。体は関
節のあるところ
で曲がる。

ヒトの体は，およそ
200個のほねででき
ているんだよ。

きん肉：
ちぢむとかたくな
り，ゆるむとやわ
らかくなる。

ほねの役わり

ほねはかたくてじょ
うぶなので，**体の中
を守ったり，体を支
えたり**している。

●きん肉と体が動くしくみ

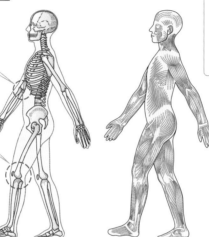

うでを曲げるとき

内側のきん肉
はちぢむ。

ちぢんだきん肉
は，ふくらんで
いるよ。

外側のきん肉
はゆるむ。

うでをのばすとき

内側のきん肉
はゆるむ。

外側のきん肉
はちぢむ。

うでは，内側
のきん肉と外
側のきん肉の
どちらかがち
ぢみ，もう一
方がゆるむこ
とで動く。

●動物の体のつくりとはたらき

ヒト以外の動物の体にもほねと関節ときん肉がある。
きん肉がちぢんだりゆるんだりすることで，ほねを動か
し，関節で体を曲げて，いろいろな動きをしている。

ほね…体を支える。
関節…体が曲がる部分。
きん肉…体を動かす。

ほね，関節，きん肉がある
から，体が動くんだね。

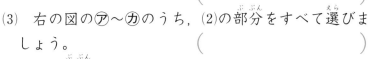

▶ヒトは，ほね，関節，きん肉のはたらきによって，体を動かしている。
▶ヒト以外の動物にも，ほね，関節，きん肉があり，これらのはたらきで体を動かしている。

1 右の図は，ヒトのほねを表したものです。次の問いに答えましょう。

(1) ほねについて正しく説明したものを，次のア～エから選びましょう。　（　　　　）

　ア　ちぢむとかたくなる。
　イ　いつも，きん肉よりもかたい。
　ウ　力を入れないときは，やわらかい。
　エ　どこでも曲げることができる。

(2) ほねとほねのつなぎ目を何といいますか。
　　　（　　　　　　　　　　）

(3) 右の図のア～カのうち，(2)の部分をすべて選びましょう。　（　　　　　　　）

(4) (2)の部分では，体をどのようにすることができますか。
　（　　　　　　　　　　　　）

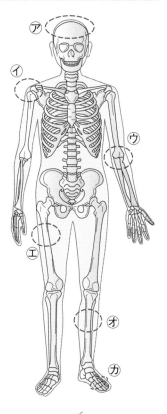

2 右の図は，ある人がうでを曲げているときの，うでの中のようすを表したものです。次の問いに答えましょう。

(1) 図のア，イを，それぞれ何といいますか。

　　　　ア（　　　　　　　）
　　　　イ（　　　　　　　）

(2) 図のア，ウのうち，ちぢんでいるのはどちらですか。　　　　　（　　　　　）

(3) うでを曲げた状態から，うでをのばすとき，アとウは，図のときと比べてどのようになりますか。次のア～ウからそれぞれ選びましょう。
　　　　　　　　　ア（　　　　）ウ（　　　　）

　ア　ちぢむ。　　イ　ゆるむ。　　ウ　変わらない。

(4) この人が「うでを曲げる」という動作をするときに，ア，イ，エがどのようになることで，うでが曲がりますか。ア，イ，エの記号を使って書きましょう。

（　　　　　　　　　　　　　　　　　　　　　　　）

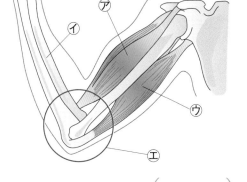

学習した日　　月　　日

15 体のつくりと運動

答え▶17ページ

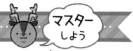

ハイレベル

マスターしよう

1 **下の図は，ウサギとハトのほねのつくりを表したものです。あとの問いに答えましょう。**

㋐

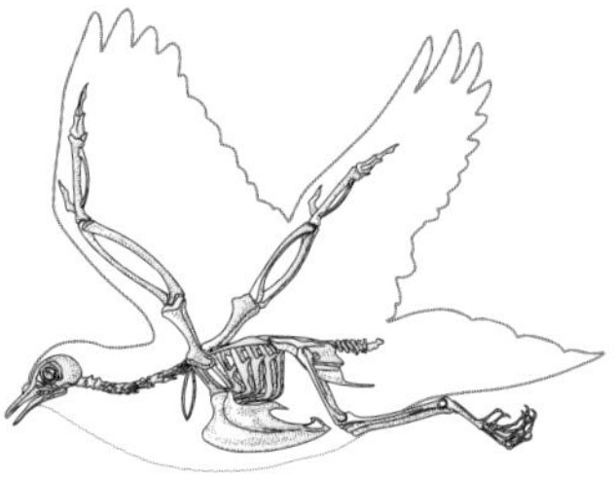

㋑

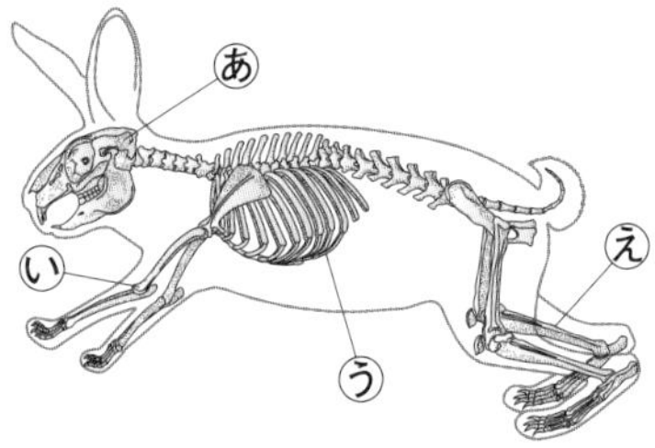

(1) ハトのほねを表しているのは，㋐と㋑のどちらですか。（　　　　）

(2) 次の文は，㋑のほねについてまとめたものです。①にあてはまる記号を書きましょう。また，②にあてはまる言葉を，あとの**ア**～**エ**から選びましょう。

①（　　　　）　②（　　　　）

> ㋑の[あ]～[う]の部分のうち，曲げることができるのは（　①　）の部分です。[え]のほねは，㋑の動物が歩き続けるために体を（　②　）います。

ア　おおって　　**イ**　支えて　　**ウ**　軽くして　　**エ**　重くして

(3) ほねには，体の中のつくりを守るという役わりもあります。㋑の[あ]，[う]は，それぞれ何を守っていると考えられますか。

[あ]（　　　　　　　　）　[う]（　　　　　　　　）

(4) ハトが飛んだり，ウサギが走ったりするときに使う部分の組み合わせとして正しいものを，次の**ア**～**エ**から１つ選びましょう。（　　　　）

ア　ほねと関節　　**イ**　きん肉とほね

ウ　きん肉と関節　　**エ**　きん肉とほねと関節

2 **たくやさんは「うで立てふせ」をしています。図１は，たくやさんのうでのほねときん肉のようすを表しています。たくやさんが図２のしせいをしようとしてうでを曲げるとき，ちぢむきん肉は，図１のうちのどれですか。次のア～エから１つ選びましょう。**

図１

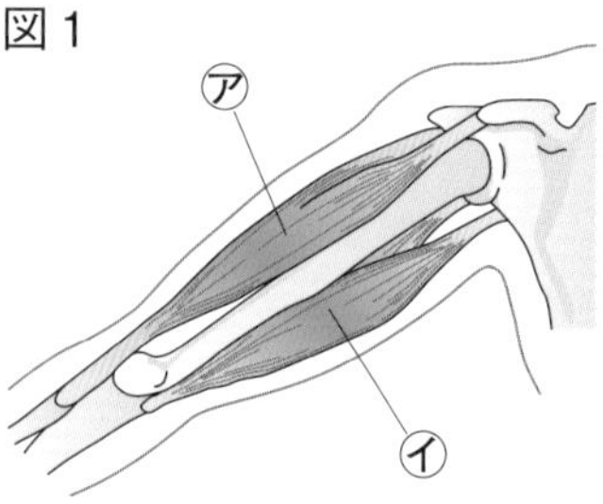

図２

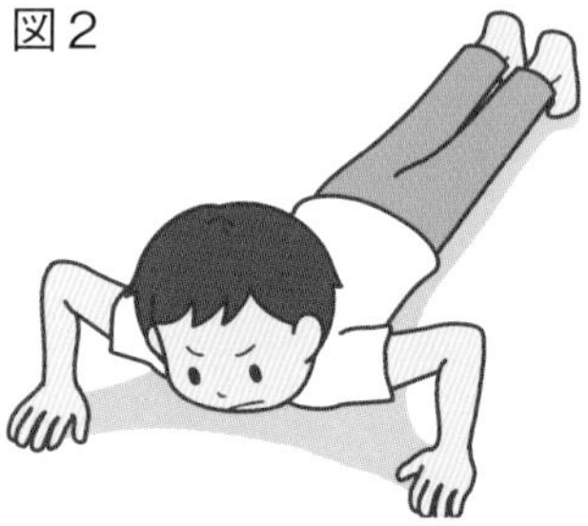

（　　　　）

ア　㋐　　**イ**　㋑　　**ウ**　㋐と㋑　　**エ**　どちらもちぢんでいない。

3 めぐみさんは，ヒトのうでが曲がるときのきん肉のはたらきについて調べてまとめることにしました。図1は，ヒトのうでのつくりを表した図です。めぐみさんは，図1をもとにして，同じゴム風船2個と，木を使って，図2のような，うでのもけいを作りました。あとの問いに答えましょう。

図1

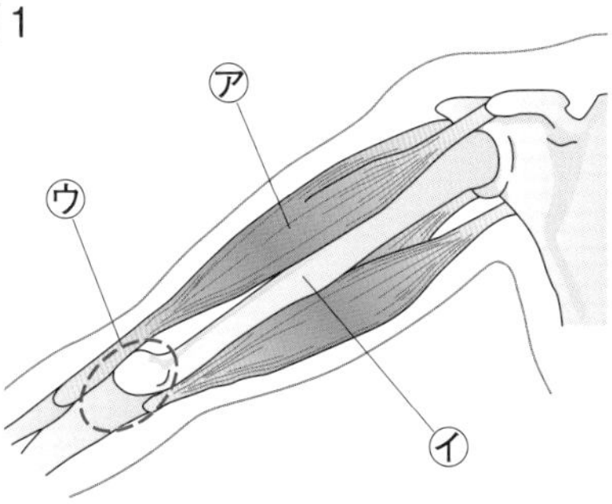

図2

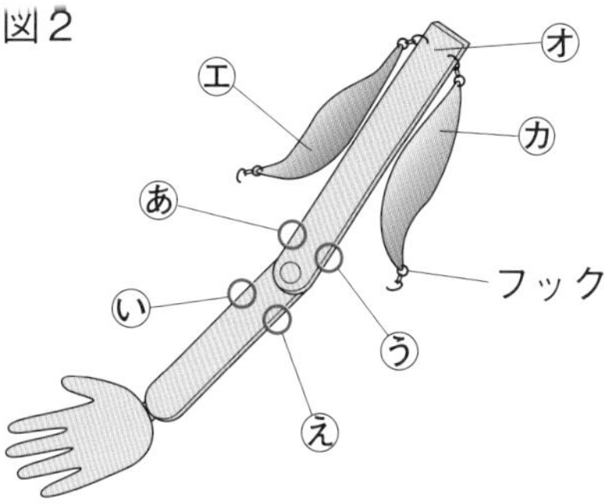

(1) 図1の㋒は，骨と骨のどのようなところですか。説明しましょう。

(　　　　　　　　　　)

(2) 図2のうでのもけいを作るときに，木は㋔の部分をつくるときに利用し，ゴム風船は㋓と㋕の部分を作るときに利用しました。この理由を，めぐみさんは次のように説明しています。①，②にあてはまる言葉，③にあてはまる内容を書きましょう。　①(　　　　)　②(　　　　)

③(　　　　　　　　　　)

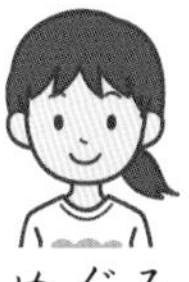

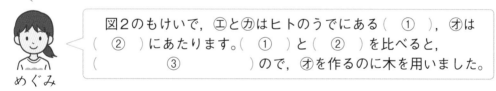

図2のもけいで，㋓と㋕はヒトのうでにある(　①　)，㋔は(　②　)にあたります。(　①　)と(　②　)を比べると，(　　　③　　　)ので，㋔を作るのに木を用いました。

(3) 空気を入れてふくらませたゴム風船と，空気を入れないゴム風船をそれぞれ1個ずつ用意し，㋓と㋕に取りつけました。うでを曲げたときのようすを表すために，空気を入れたゴム風船は，㋓と㋕のどちらに取りつければよいですか。また，空気を入れたゴム風船のフックは，図2のあ～えの点のうち，どの点にあるねじに取りつければよいですか。

ゴム風船(　　　)　フック(　　　)

中学へのステップアップ

図2で，きん肉とほねをつなぐフックにあたる部分を，人体では「けん」といいます。けんは，きん肉をほねにつないでいる部分で，アキレスけんが有名です。アキレスけんは，ジャンプしたときなど，ふくらはぎのきん肉が急にちぢんだり，着地してふくらはぎのきん肉が急に大きくのびたりすると，切れることがあります。

4章 天気／生き物の性質　　　時間 30分　答え▶17ページ

★★★ **チャレンジ** テスト

❶ 図1のような百葉箱の中にある記録温度計で，5月13日〜17日までの気温の変化を調べました。図2は，この期間の記録用紙です。ただし，この期間は雨はふらなかったものとします。次の問いに答えましょう。

図1

1つ10〔60点〕

(1) 百葉箱は，図1のように白くぬられています。百葉箱は，白くぬられていることで，気温を正しくはかることができます。この理由を，「光」という言葉を使って書きましょう。

（　　　　　　　　　　　　　　　　　　）

図2

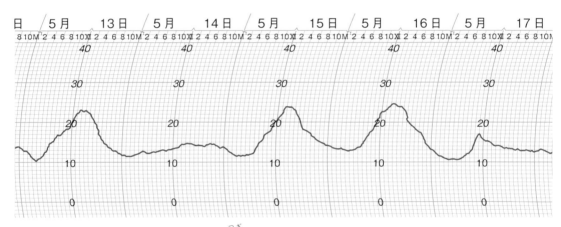

(2) 5月13日〜16日の間は，次の①，②の天気のどちらかでした。図2から，①，②の天気だった日をそれぞれすべて選び，日付を答えましょう。

① 1日中晴れていた日　　　　　　　（　　　　　　　）

② 1日中くもっていた日　　　　　　（　　　　　　　）

(3) 5月17日の天気はどのようであったと考えられますか。

（　　　　　　　　　　　　　　　　　　）

(4) 晴れの日に，最も気温が高くなっているのはいつごろですか。次のア〜エから選びましょう。　　　　　　　　　　　　　　（　　　　　）

ア 午前10時　　イ 正午　　ウ 午後2時　　エ 午後4時

(5) 太陽が最も高く上がるのは正午ごろですが，晴れの日の気温が最も高くなるのが(4)で選んだ時こくのようになるのはなぜですか。

（　　　　　　　　　　　　　　　　　　）

2 次の㋐〜㋓は，春，夏，秋，冬のうちのいずれかの季節に観察したときの記録です。あとの問いに答えましょう。

1つ4〔40点〕

【観察記録】
㋐　校庭には，（　①　）の黄色い花がさいていた。池には，ヒキガエルの<u>たまご</u>㋐があった。
㋑　（　①　）は葉だけになっており，葉が地面にくっつくようになっていた。草むらのかれ葉の下を見ると，（　②　）の成虫が集まっていたが，動かなかった。
㋒　校庭に何本もある（　③　）の木の葉が黄色くなり始めた。夏にひなを育てていた（　④　）は最近見られなくなったが，これは日本よりも南の地いきへ飛んでいったようだ。庭の（　⑤　）の実が30cmぐらいに成長していた。
㋓　畑でキャベツの葉のうらに（　⑥　）の<u>たまご</u>㋑があるのを見つけた。水田でヒキガエルの子どもをつかまえたら，まだしっぽが少し残っているカエルだった。はなすと<u>元気にとんでいった</u>㋒。

(1)　①〜⑥にあてはまる生き物の名前を，あとの**ア〜ク**からそれぞれ選びましょう。

①（　　　　）　②（　　　　）　③（　　　　）
④（　　　　）　⑤（　　　　）　⑥（　　　　）

ア　サクラ　　**イ**　ヘチマ　　**ウ**　タンポポ　　**エ**　マツ
オ　セミ　　**カ**　モンシロチョウ　　**キ**　テントウムシ　　**ク**　ツバメ

(2)　下線部㋐，㋑のたまごを，次の**ア〜エ**からそれぞれ選びましょう。

㋐（　　　　）　　㋑（　　　　）

ア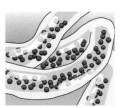　　**イ**　　**ウ**　　**エ**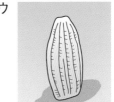

(3)　【観察記録】の㋐〜㋓を，春，夏，秋，冬の順にならべましょう。

（　　　　→　　　　→　　　　→　　　　）

(4)　下線部㋒で，ヒキガエルがとぶときは，後ろあしを使ってとびます。このことから，ヒキガエルの前あしと後ろあしのきん肉を比べると，どのようなちがいがあると考えられますか。「発達」という言葉を使って書きましょう。

（　　　　　　　　　　　　　　　　　　　　　　　　　　）

16 水と空気の性質

標準 レベル　　　トライ しよう

●とじこめた空気と，とじこめた水

🧪 **実験**　とじこめた空気と水をおしたときのようすを調べる

●空気をおすとどうなるか，調べよう！

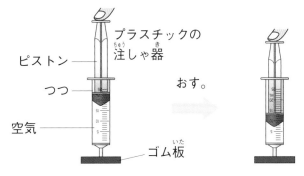

プラスチックの注しゃ器
ピストン
つつ
空気
ゴム板
おす。

⚠️ **結果**
- とじこめた空気の**体積が小さくなった。**
- とじこめた空気の体積が小さくなるほど，**手ごたえが大きくなった。**

> どんなにおしても，空気はなくならないよ。

●水をおすとどうなるか，調べよう！

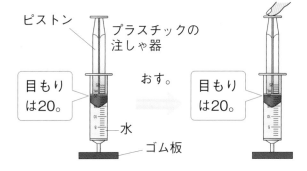

ピストン
プラスチックの注しゃ器
目もりは20。
おす。
目もりは20。
水
ゴム板

⚠️ **結果**
とじこめた水は，おしても**体積は変わらなかった。**

【とじこめた空気の性質】　とじこめた空気をおすと**体積が小さく**なる。体積が小さくなった空気は元の体積にもどろうとしておし返すので，手ごたえが大きくなる。空気の体積を小さくするほど，おし返す力は大きくなる。

空気でっぽうのしくみ

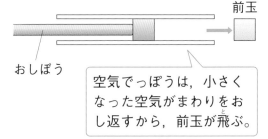

前玉
おしぼう

> 空気でっぽうは，小さくなった空気がまわりをおし返すから，前玉が飛ぶ。

【とじこめた水の性質】　とじこめた水をおしても**体積は変わらない。**だから，水をおしても元にもどろうとすることはない。そのため，**おし返す力もはたらかない。**

キーポイント

▶とじこめた空気をおすと体積が小さくなる。空気は元の体積にもどろうとして，まわりをおし返す。

▶とじこめた水をおしても，体積は変わらない。

1 **右の図のようにして，空気や水の性質を調べました。次の問いに答えましょう。**

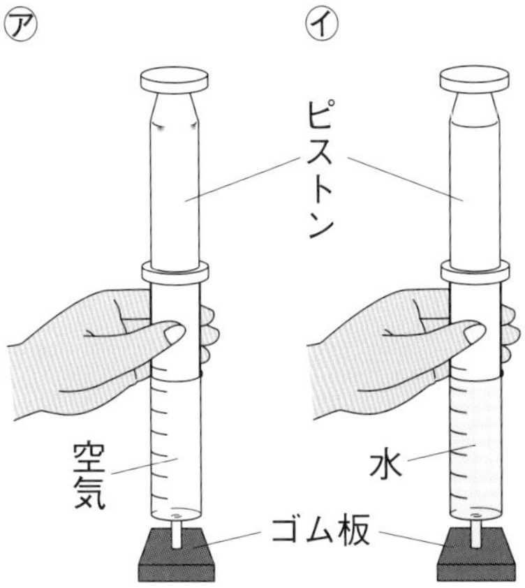

(1) ㋐と㋑のピストンをおすと，ピストンの位置はそれぞれどうなりますか。

㋐（　　　　　　　）

㋑（　　　　　　　）

(2) ㋐で，ピストンを強くおすほど，手ごたえはどうなりますか。次のア～ウから選びましょう。

（　　　）

ア　大きくなる。　**イ**　小さくなる。　**ウ**　変わらない。

(3) (1)の下線部の後，㋐と㋑のピストンをはなすと，ピストンはそれぞれどうなりますか。　㋐（　　　　　　　）　㋑（　　　　　　　）

(4) 次の文は，これらのことからわかることをまとめたものです。①～④にあてはまる言葉や内容を書きましょう。

①（　　　　　　　）　②（　　　　　　　）

③（　　　　　　　）　④（　　　　　　　）

とじこめた（ ① ）をおすと体積が変わるが，とじこめた（ ② ）をおしても体積は変わらない。とじこめた（ ① ）の体積が小さくなるほど手ごたえが（ ③ ）なることから，体積が小さくなった（ ① ）は，まわりを（ ④ ）ているといえる。

2 **空気でっぽうを作り，紙玉をつめて，よく飛ぶ方法を調べました。次の問いに答えましょう。**

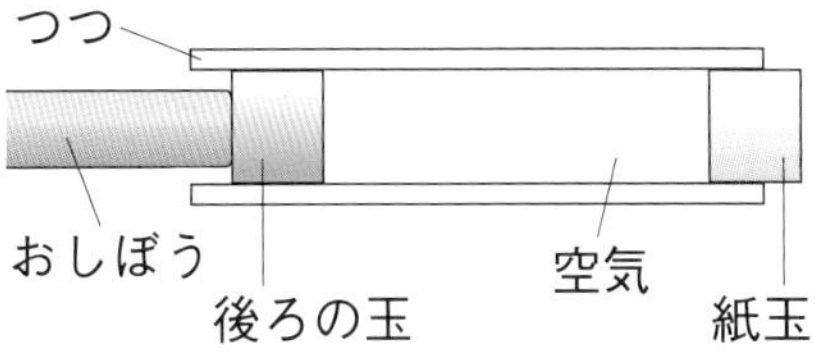

(1) 紙玉がよく飛ぶおしぼうのおし方として正しいものに，○をつけましょう。

ア（　　　）ゆっくりおす。　**イ**（　　　）勢いよくおす。

(2) 紙玉がよく飛んだのは，つつの長い空気でっぽうとつつの短い空気でっぽうのどちらですか。

（　　　　　　　）

(3) 次のア～ウのうち，最もよく飛ぶ紙玉はどれですか。（　　　）

ア　つつと少しすき間がある紙玉　**イ**　つつとの間にすき間がない紙玉

ウ　真ん中に小さなあながあいている紙玉

5章 ものの変化

16 水と空気の性質

答え▶18ページ

★★★ ハイ レベル ……………… マスターしよう

❶ 図1の㋐のように，注しゃ器に空気と水を入れ，消しゴムの上に立ててピストンをおしました。次に，図2のように，注しゃ器にちがう量の水を入れ，ピストンの高さは同じになるようにしました。あとの問いに答えましょう。

図1

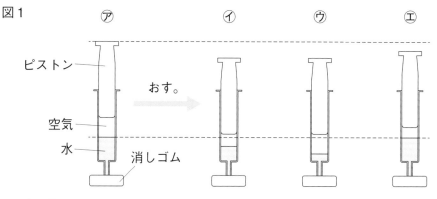

(1) 図1で，㋐のピストンをおしたときの空気と水のようすとして正しいものを，図1の㋑～㋓から選びましょう。　　　　　　　　　（　　　　）

(2) (1)のように考えた理由を書きましょう。
（　　　　　　　　　　　　　　　　　　　　　　　　　　　　　　　）

(3) 図2で，㋔～㋖のピストンを，同じ長さだけおしました。このとき，手ごたえが大きい順に，左からならべましょう。
（　　　→　　　→　　　）

図2

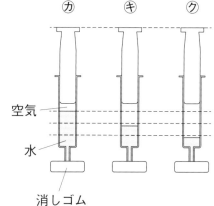

(4) 次の文の①，②にあてはまる言葉を書きましょう。　　①（　　　　　）
②（　　　　　）

　(3)で答えた，手ごたえが大きいものほど，（　①　）が元の（　②　）にもどるために，まわりを強くおし返している。

(5) 図2の，㋔～㋖のピストンをおせるだけおし下げました。ピストンが下がった長さが大きいものから小さいものになるように，左からならべましょう。
（　　　→　　　→　　　）

(6) (5)のように答えた理由を書きましょう。
（　　　　　　　　　　　　　　　　　　　　　　　　　　　　　　　）

❷ 右の図のようなそう置を作りました。次の問いに答えましょう。

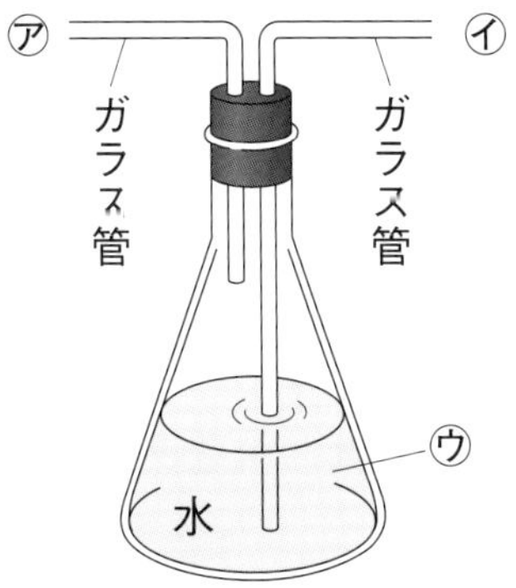

(1) ㋐のガラス管の口から息をふきこむと，㋑のガラス管の口から何が出てきますか。

（　　　　　　）

(2) ㋑のガラス管の口から(1)が勢いよく出るようにするためには，㋐から短い時間でできるだけ多くの息をふきこみます。このようにすると(1)が勢いよく出るようになる理由を，「おし返す力」という言葉を使って書きましょう。

（　　　　　　　　　　　　　　　　　　　　　）

(3) ㋑のガラス管の口から息をふきこむと，㋐のガラス管の口から何が出てきますか。

（　　　　　　）

(4) ㋒の中にあわが出るのは，次のア，イのどちらですか。（　　）

ア　㋐のガラス管の口から息をふきこんだとき。

イ　㋑のガラス管の口から息をふきこんだとき。

(5) ㋐のガラス管の口に，しぼんだゴム風船をつなぎ，㋑のガラス管の口から空気を送りました。ゴム風船はどうなりますか。

（　　　　　　　　　　　　　　　　　　　　　）

(6) ㋐と㋑のガラス管の口から同時に空気を送りました。このときの㋒の水の水面の位置はどうなりますか。次のア～ウから選びましょう。（　　）

ア　下がる。　**イ**　上がる。　**ウ**　変わらない。

ホッとひといき

下の❶～❺の[ヒント]をもとに，図の❶～❺の横のらんに言葉を入れよう！
たての青いらん□□□□□に入るのは，何という言葉かな？

[ヒント]

❶ほねとほねのつなぎ目
❷温度を調べるときに使う道具
❸からだが頭，むね，はらの３つの部分からできている虫
❹チョウなどがたまごから出てきたときのすがた
❺校庭などに置いてある，気温をはかる条件に合わせて作られた白い箱

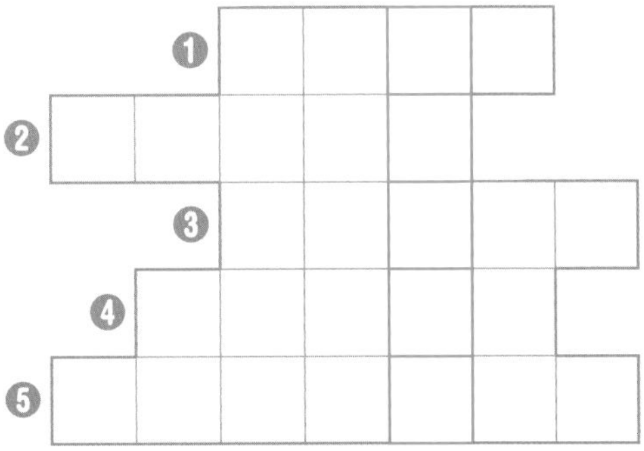

言葉はすべてひらがなで入れよう。

17 ものの体積と温度

標準 レベル　　トライしよう

●空気，水，金属の体積と温度

実験　空気と水と金属をあたためたときの体積を調べる

●空気と水をあたためたり，冷やしたりするとどうなるか調べよう！

空気の変化　　　　　　　　　　　　　　　　　水の変化

温度が変わると，体積が変わるよ。

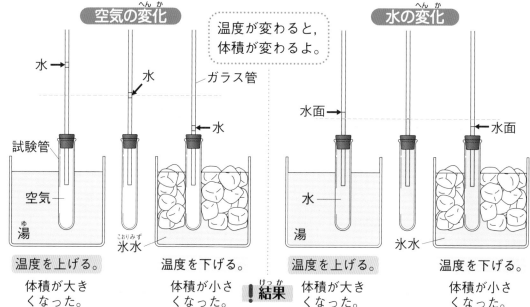

温度を上げる。　　温度を下げる。　　！結果　温度を上げる。　　温度を下げる。
体積が大き　　　　体積が小さ　　　　　　　　体積が大き　　　　体積が小さ
くなった。　　　　くなった。　　　　　　　　くなった。　　　　くなった。

●金属をあたためたり，冷やしたりするとどうなるか調べよう！

金属球は輪を通りぬける。　　輪を通りぬけなかった。　　輪を通りぬけた。　　金属の場合，体積の変化は見た目ではわからないよ。

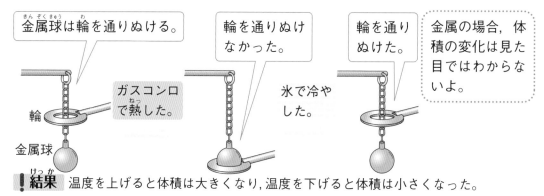

輪　ガスコンロで熱した。　　氷で冷やした。

金属球

！結果　温度を上げると体積は大きくなり，温度を下げると体積は小さくなった。

空気，水，金属の性質

▪ 空気も水も金属も，**あたためると体積が大きく**なり，**冷やすと体積が小さく**なるが，金属の変化が最も小さい。

▪ 体積の変化は，**金属＜水＜空気**の順に大きくなる。

▶空気，水，金属の体積は，どれも，あたためると大きくなり，冷やすと小さくなる。
▶体積の変化は，金属が最も小さく，空気が最も大きい。

1 右の図のようなそう置で，温度による空気と水の体積の変化について調べました。ただし，㋐，㋑のゴムせんから初めの位置までの高さは室温で同じにしました。次の問いに答えましょう。

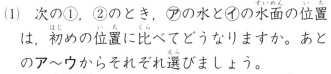

水｜初めの位置｜水面
ゴムせん
空気
水
試験管

(1) 次の①，②のとき，㋐の水と㋑の水面の位置は，初めの位置に比べてどうなりますか。あとのア～ウからそれぞれ選びましょう。

① 試験管を60℃の湯につけてしばらく置いたとき　㋐（　　　）㋑（　　　）

② 試験管を氷水につけてしばらく置いたとき
㋐（　　　）㋑（　　　）

ア　下がる。　　イ　上がる。　　ウ　変わらない。

(2) 次の文は，この実験からわかることをまとめたものです。①～③にあてはまる言葉をそれぞれ書きましょう。　①（　　　　　　）
②（　　　　　　）③（　　　　　　）

空気も水も，温度が上がると体積が（　①　）なり，温度が下がると体積が（　②　）なる。また，空気と水を同じ温度まであたためたとき，体積が大きく変化するのは，（　③　）である。

2 20℃でちょうど輪を通る金属球を，図のように熱した後，水で冷やしました。次の問いに答えましょう。

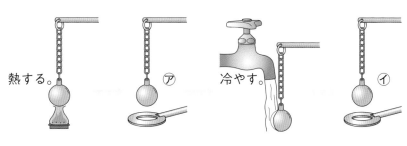

熱する。　　㋐　　冷やす。　　㋑

(1) ㋐と㋑で金属球が輪を通る場合は〇，通らない場合は×を書きましょう。
㋐（　　　）㋑（　　　）

(2) 金属の体積の変化について説明した次の文の①，②にあてはまる言葉を書きましょう。　①（　　　　　　）②（　　　　　　）

金属の体積の変化の大きさは，空気よりも（　①　），水よりも（　②　）。

17 ものの体積と温度

答え▶19ページ

✦✦✦ ハイ レベル ・・・・・・・・・ マスターしよう

❶ 水をあたためたときの体積の変化を調べるために，図1のように，2種類の大きさのガラスの容器，2種類の細さのガラス管を用意し，水をいっぱいに入れてガラス管の中の初めの水面の高さを記録しました。あとの問いに答えましょう。

図1

図2

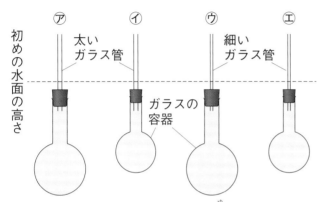

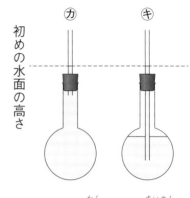

(1) 図1のように，㋐〜㋓を同じ湯の中に入れると，どれもガラス管の中の水面が上がりました。上がり方が最も小さいもの，最も大きいものをそれぞれ選びましょう。　　　　最も小さいもの（　　　　）　　最も大きいもの（　　　　）

(2) 図2のように，水をいっぱいに入れた㋕の容器と，水を8分目ぐらい入れた㋖の容器を，同じ湯の中に入れました。ガラス管の中の水面は，どちらのほうが高く上がりましたか。記号で答えましょう。また，そのようになった理由も書きましょう。　　　　　　　　　　　　　　　　　　　記号（　　　　）
理由（　　　　　　　　　　　　　　　　　　　　　　　　　　　　　　　　　　　　）

❷ 金属でできた橋の道路には，右の図のようなつなぎ目が何か所かあり，くしの形をした部分が組み合わさってすき間があいています。橋は季節によってのびちぢみします。このつなぎ目は，橋がこわれることを防いでいます。次の問いに答えましょう。

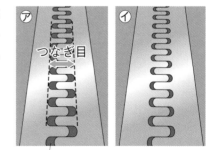

すき間

(1) ㋐と㋑は，夏と冬のつなぎ目を表しています。夏のつなぎ目を選びましょう。（　　　　　　　　　）

(2) (1)の答えを選んだ理由を，「体積」という言葉を使って書きましょう。

（　　　　　　　　　　　　　　　　　　　　　　　　　　　　　　　　　　　）

❸ 空気を入れたうき輪についての，けんさんとお父さんの会話を読んで，あとの問いに答えましょう。

けん

> このうき輪，空気を入れておいたんだけど，さっきよりもパンパンにふくれているよ。

父

> 息をふきこんだ後，日なたに置いておいたんじゃないかい？

(1) 会話文中で，うき輪が下線部のようになったのは，「日なたに置いておいたから」であるとお父さんが考えたのはなぜですか。

( )

(2) けんさんが下線部のうき輪を持ってプールに入ったところ，しばらくすると，うき輪が少ししぼんでいました。このようになった理由を書きましょう。

( )

❹ 空気や水は，温度によって体積（かさ）が変化します。右のグラフは，空気と水1Lについて，その変化のようすを表したグラフです。次の問いに答えましょう。

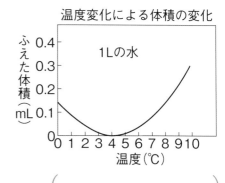

温度変化による体積の変化

温度変化による体積の変化

(1) 次のア～ウの文のうち，正しいものには〇，正しくないものには×をつけましょう。

ア（　　）水も空気も，温度が上がると体積が必ず大きくなる。

イ（　　）空気は，温度が上がると規則正しく体積が大きくなっていく。

ウ（　　）水は，4℃よりも温度が高くなると体積が大きくなっていく。

(2) 空気と水を比べると，温度が同じだけ上がったときの，体積の変化が大きいのはどちらですか。ただし，0℃～10℃のときとする。

( )

(3) 次のア～ウを，重いものから軽いものの順に，左からならべましょう。

ア　0℃の水1L　　イ　4℃の水1L　　ウ　9℃の水1L

(　　　→　　　→　　　)

18 もののあたたまり方①

 トライ しよう

標準 レベル

●金属，水，空気のあたたまり方

実験　金属，水，空気のあたたまり方を調べる

●金属のあたたまり方を調べよう！

金属のぼうの真ん中を熱する

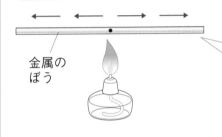

金属のぼう

熱したところから，まわりへ向かって，あたたかい部分が広がる。

金属の板の角を熱する

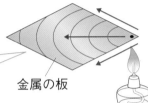

金属の板

！結果　金属は，**熱せられたところから順に**あたたまっていく。

●水のあたたまり方を調べよう！

試験管の水を熱する

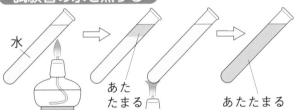

水　あたたまる　あたたまる

！結果

試験管に入れた水は，上のほうを熱すると**下があたたまらない**。下のほうを熱すると，**上のほうから全体があたたまる。**

ビーカーの水を熱する

あたためられた水　水

！結果

あたためられた部分が**上へ動き**，やがて，**全体があたたまる。**

●空気のあたたまり方を調べよう！

部屋をあたためる

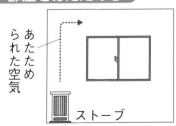

あたためられた空気　ストーブ

同じ体積で比べると，冷たい水（空気）よりも，あたたかい水（空気）のほうが軽いから，上へ動くんだよ。

！結果　水と同じように，あたためられた部分が**上へ動き**，やがて，**全体があたたまる。**

キーポイント

- ▶金属を熱すると，熱せられたところから順にあたたまっていく。
- ▶水と空気は，あたたまった部分が上へ動き，やがて全体があたたまる。

1 2まいの正方形の金属板㋐と㋑と，正方形の板の一部を切り取った金属板㋒に示温インクをぬり，下の図のように熱しました。あとの問いに答えましょう。

示温インク:温度が上がると
青色からピンク色になる。

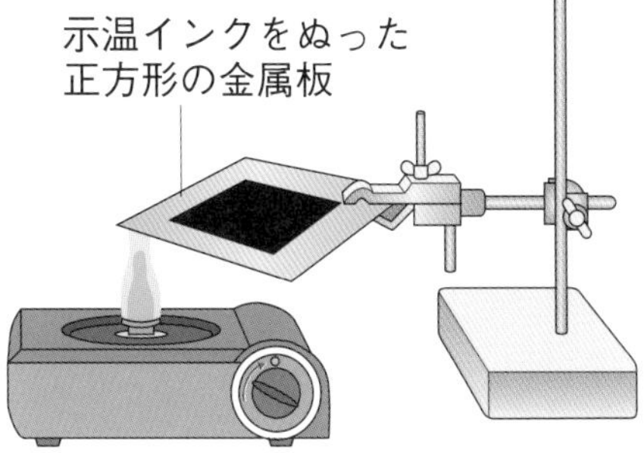

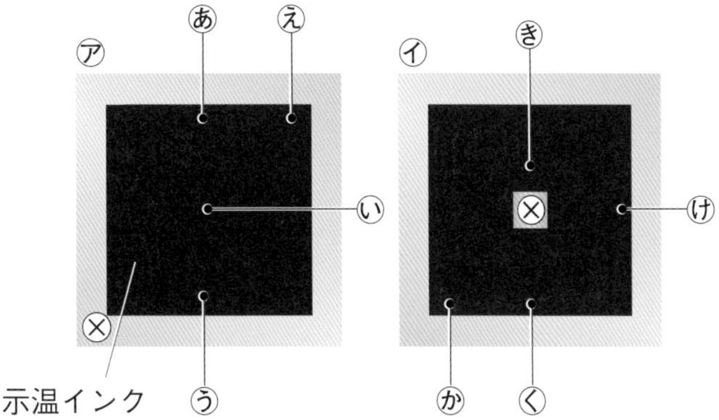

(1) ㋐の⊗の部分を熱したとき，色が変わる順に[あ]～[え]を左からならべましょう。

（　　　→　　　→　　　→　　　）

(2) ㋑の⊗の部分を熱しました。[か]～[け]のうち，同時に色が変わる部分を2つ選びましょう。

（　　　　　　）

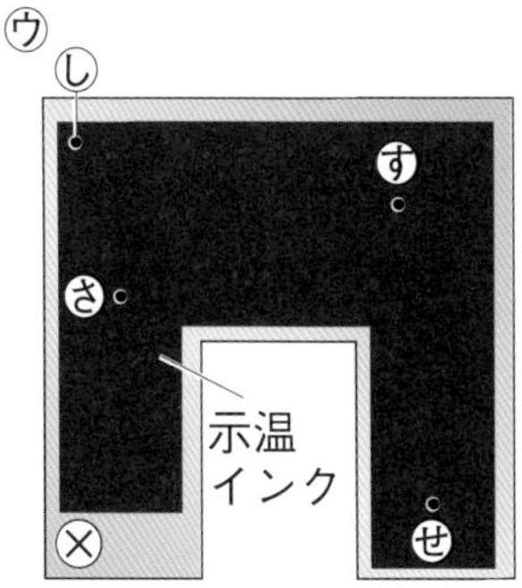

(3) ㋒の⊗の部分を熱したとき，[さ]～[せ]のうち，示温インクの色が最後に変化したのはどの部分でしたか。

（　　　）

2 右の図のように，示温インクを入れた水を，試験管で熱しました。次の問いに答えましょう。

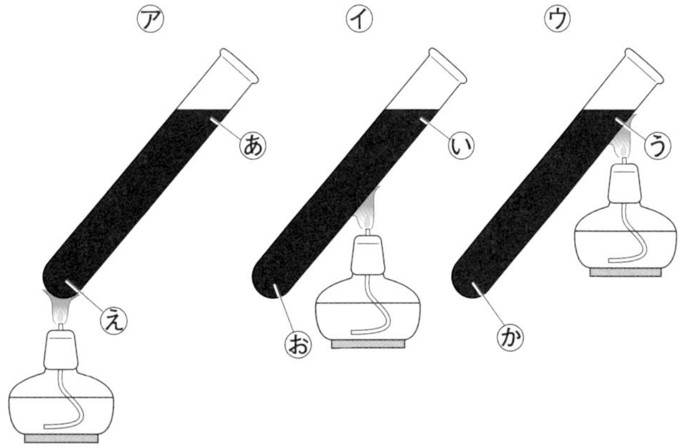

(1) 水全体の色が最も早く変化する試験管を，㋐～㋒から選びましょう。（　　　）

(2) [あ]～[か]のうち，最も早く色が変わる部分を選びましょう。

（　　　）

(3) [あ]～[か]のうち，なかなか色が変わらない部分を2つ選びましょう。

（　　　　　　）

18 もののあたたまり方①

答え▶20ページ

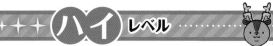

ハイレベル　マスターしょう

1 金属と水のあたたまり方を調べるために，図のような①～④の実験をしました。あとの問いに答えましょう。

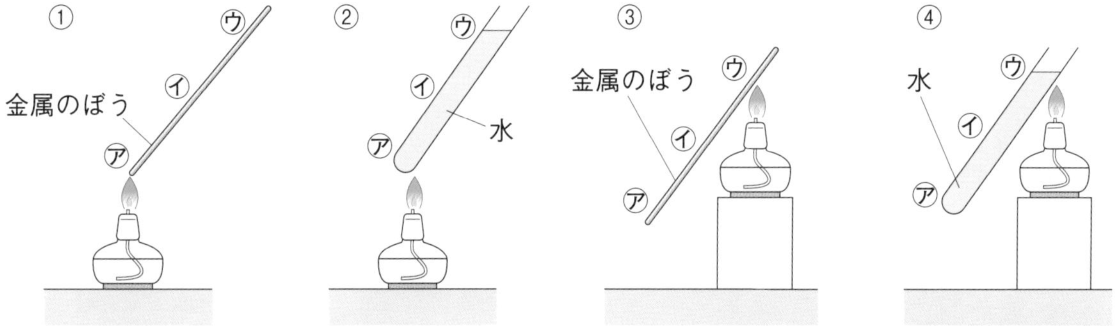

(1)　金属のぼうのあたたまり方で，①の㋒と③の㋐が同じ温度になるまでの時間を比べると，どのようになると考えられますか。

(　　　　　　　　　　　　　　　　　　　　)

(2)　③は金属のぼうの温度が高いものから順に，④は水の温度が高いものから順に㋐～㋒をそれぞれならべましょう。

③(　　→　　→　　)　④(　　→　　→　　)

(3)　②と④で，全体の温度がおよそ100℃になるまでの時間を比べると，どのようになりますか。

(　　　　　　　　　　　　　　　　　　　　)

2 部屋全体をあたためる方法と，冷やす方法について考えます。次の問いに答えましょう。

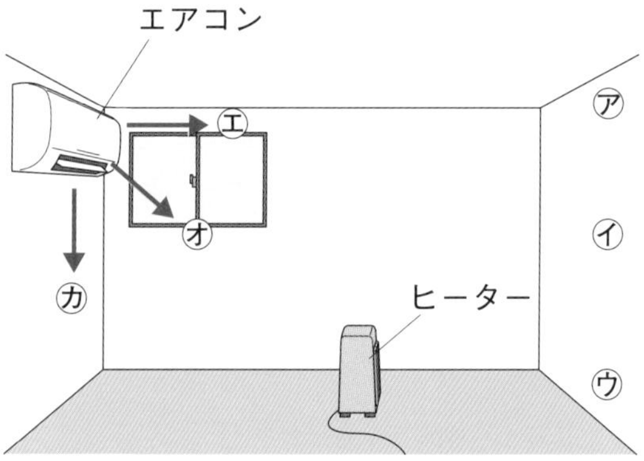

(1)　冬に，図のようなしめ切った部屋の中にヒーターを置き，部屋の空気をあたためました。㋐～㋒のうち，最も速く空気の温度が高くなるのはどこですか。　(　　　)

(2)　夏に，図のエアコンから冷風を出して，部屋全体を冷やします。風の向きはどの向きにすればよいですか。㋓～㋕から選びましょう。　(　　　)

(3)　(2)のように考えた理由を書きましょう。

(　　　　　　　　　　　　　　　　　　　　)

❸ 図のように，真ん中でつないだ銅と鉄の2本のぼうを両はしで支え，マッチぼうをろうを使って立てました。この後，ぼうのつなぎ目を熱して，マッチぼうのたおれ方を比べる実験をしました。実験の結果は，図の①～⑥の順にマッチぼうがたおれ，右側の2本のマッチぼうは，最後までたおれませんでした。次の問いに答えましょう。

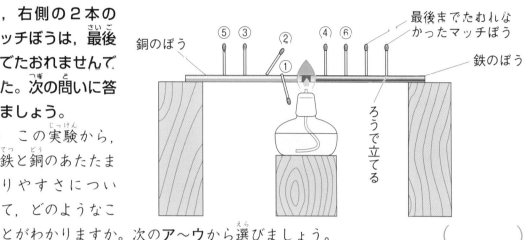

(1) この実験から，鉄と銅のあたたまりやすさについて，どのようなことがわかりますか。次のア～ウから選びましょう。　　　　（　　　　）

ア　銅のほうがあたたまりやすい。

イ　鉄のほうがあたたまりやすい。

ウ　銅と鉄のあたたまりやすさは変わらない。

(2) 次の文は，この実験を行うときに，正しい結果を得るためにそろえる条件について説明したものです。①～③にあてはまる言葉を書きましょう。

①（　　　　　　　　　　　　）　②（　　　　　　　　　　　　）
③（　　　　　　　　　　　　）

　　正しい結果を得るためには，銅のぼうと鉄のぼうは，（　①　）と（　②　）が等しいものを使います。また，つなぎ目から左右の（　③　）までのきょりを，銅のぼうと鉄のぼうで同じにします。

(3) 次に，鉄のぼうを，実験の条件に合うアルミニウムのぼうに変えて同じように実験をしたところ，マッチぼうは下の図の①，②，③，…の順にたおれました。銅，鉄，アルミニウムのうち，最もあたたまりやすい金属と，最もあたたまりにくい金属を，それぞれ書きましょう。

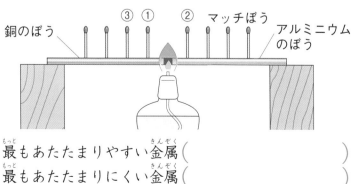

最もあたたまりやすい金属（　　　　　　　　　　　　）
最もあたたまりにくい金属（　　　　　　　　　　　　）

19 もののあたたまり方②

 標準 レベル  トライ しよう

●水のすがたと温度

🧪 **実験** ▶ 水を冷やしたとき，熱したときのようすを調べる

●水を冷やしていくと，どうなるか調べよう！

温度計

水水だけだと，水はこおらない。

水に食塩を混ぜたもの（食塩がとけ残るまでとかす）

水

氷

❗結果

水の温度（℃）

全部氷になった。

こおり始めた。

時間(分)

・水を冷やしていくと，**0℃でこおり始め**，全部こおるまで**温度は変わらない**。全部こおると温度が0℃よりも低くなる。
・水が氷になると，**体積が大きくなる**。

●水を熱していくと，どうなるか調べよう！

温度計

水じょう気
湯気（水のつぶ）
水じょう気
あわ（水じょう気）

水

液体を加熱するときは，ふっとう石を入れる。

❗結果

小さなあわは，水にとけていた空気

ふっとうが始まる。

水の温度（℃）

さかんにあわが出た。
大きなあわが出てきた。
湯気が出てきた。
ビーカーの内側に小さなあわがいっぱいついた。
ビーカーの外側のくもりがとれた。
小さなあわが，水の底のほうから出た。
火をつけると，ビーカーの外側がくもった。

時間(分)

・水を熱すると，**100℃近くでふっとう**が始まる。ふっとうしている間は**温度は変わらない**。
・水は，温度によって，**水じょう気**のような**気体**，**水や湯気**のような**液体**，**氷**のような**固体**のすがたに変化する。

キーポイント

▶水を冷やしていくと，0℃でこおり始める。こおっている間は温度は変わらない。
▶水を熱していくと，100℃付近でふっとうを始める。

1 **右の図のように，フラスコに水を入れて熱し，ふっとうさせました。次の問いに答えましょう。**

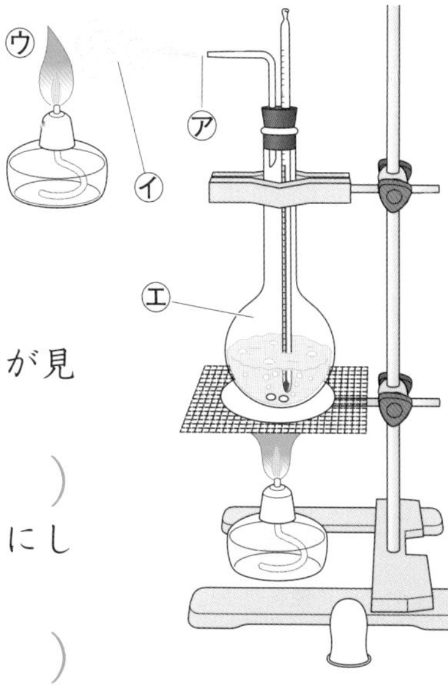

(1) ㋐の部分の何も見えないところには，何がありますか。
（　　　　　）

(2) ㋑のところでは，白いけむりのようなものが見られました。これを何といいますか。
（　　　　　）

(3) ㋑の白いけむりのようなものは，どのようにしてできましたか。
（　　　　　）

(4) アルコールランプで㋑の部分をあたためると，㋒のところでは何も見えなくなりました。この理由を書きましょう。
（　　　　　）

(5) フラスコの中の何も見えない㋓の部分には，何がありますか。
（　　　　　）

(6) 図で，温度計はおよそ何℃を示していますか。（　　　　　）

2 **さやかさんは，右の図のようにして水をこおらせようと考えています。次の問いに答えましょう。**

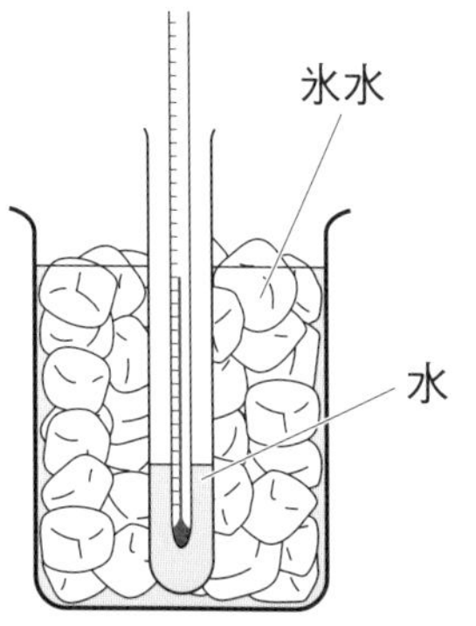

(1) 図のままでは，試験管の中のすべての水を氷にはできません。水をこおらせるには，ビーカーの氷水に何を入れればよいですか。（　　　　　）

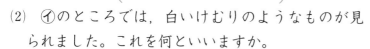

(2) 水がこおり始めてからすべて氷になるまでの間，温度計は何℃を示していますか。
（　　　　　）

(3) 図の水を入れた試験管の，水面の高さのところに印をつけました。水がすべてこおったとき，氷の表面は，印の位置からどのようになっていますか。（　　　　　）

(4) (3)から，水が氷になると，何がどのように変化するとわかりますか。
（　　　　　）

19 もののあたたまり方②

答え▶21ページ

ハイレベル　マスターしよう

1 右の図のようなそう置で，水を加熱しました。次の問いに答えましょう。

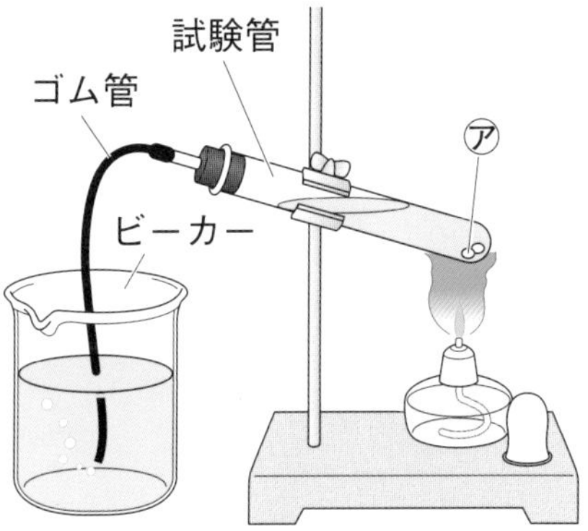

(1)　図の㋐は，試験管の中の液体が急にふっとうするのを防ぎます。㋐を何といいますか。
（　　　　　　　　）

(2)　加熱をしてしばらくすると，ゴム管の先から㋑水面まであわが上がってきました。水がふっとうすると，試験管の中には㋒大きなあわがぼこぼこと出るようになり，ゴム管から出る㋓あわのようすが変化しました。

①　下線部㋑，㋒は，それぞれ何のあわですか。
㋑（　　　　　　　　）　㋒（　　　　　　　　）

②　下線部㋓は，どのように変化しましたか。また，そのようになった理由も書きましょう。
あわのようす（　　　　　　　　）
理由（　　　　　　　　）

(3)　加熱を続けると，試験管の中の水の量，ビーカーの中の水の量はそれぞれどうなりますか。
試験管（　　　　　　　　）
ビーカー（　　　　　　　　）

(4)　実験後のビーカーの水の量を調べました。あとの**ア**～**エ**の式から，量の関係を正しく表しているものを選びましょう。（　　　　）
はじめにビーカーに入っていた水…[あ]　実験後のビーカーの水…[い]
はじめに試験管に入っていた水…[う]　試験管に残った水…[え]

ア　[い]－[あ]＝[う]－[え]　　**イ**　[あ]－[う]＝[い]－[え]
ウ　[う]－[あ]＝[え]－[い]　　**エ**　[あ]＋[い]＝[え]＋[う]

中学へのステップアップ

水がふっとうする温度を「ふっ点」といいます。水を加熱したり，冷やしたりをくり返していると，「100℃」では，水がふっとうして気体になったり，気体の水じょう気が液体に変化したりする温度であることに気がつきます。つまり，100℃で水は，「液体⇔気体」の間での変化が起こります。同じように，水が氷になるときの温度は0℃ですが，氷がとけて水になるときの温度も0℃です。つまり，「液体⇔固体」の変化は，ともに0℃で起こります。また，氷がとける温度を「ゆう点」といいます。

❷ 試験管に10mLの水を入れ，右の図のようにしてこおら
せました。次の問いに答えましょう。

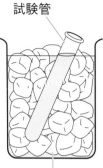
試験管

(1) こおらす前の水とこおらした後の氷を比べると，重さは
どのようになっていますか。

（　　　　　　　　　　　　　　　　）

(2) こおらす前の水とこおらした後の氷を比べると，体積は
どのようになっていますか。

（　　　　　　　　　　　　　　　　）

食塩をまぜた氷水

(3) 図でできた氷を，水に入れました。このとき，氷は水にうきますか，しずみま
すか。ただし，同じ体積で比べた場合，液体よりも重い固体は液体にしずみ，液
体よりも軽い固体は液体にうきます。　　　　　　（　　　　　　　　）

❸ みさきさんととおるさんは，なべにスープを作りました。こ
れについて，あとの問いに答えましょう。

液体
スープ

みさき

スープをふっとうさせた後，なべにふたをして火
を消して置いておいたら，㋐なべのふたが開かなく
なったの！どうしよう。

とおる

だいじょうぶだよ。[　　　　　　　　　　]と，ふたは開くはずだよ。

・・・・・10分後・・・・・

みさき

ふたは開いたわ。ありがとう。ふたを開けたら，ふたのうらに大量の
㋑液体がついていたの。それに気がつかなかったから，ふたのうらについ
ていた液体をこぼしてしまったわ。スープが減ってしまうわね。

(1) 下線部㋐で，なべのふたが開かなくなった理由を「体積」という言葉を使って
書きましょう。

（　　　　　　　　　　　　　　　　　　　　　　　　　　）

(2) とおるさんの発言の[　　　　　　　　]にあてはまる，ふたを開ける方法を書き
ましょう。

（　　　　　　　　　　　　　　　　　　　　　　　　　　）

(3) 下線部㋑の液体は何ですか。次のア～ウから選びましょう。

ア　スープ　　イ　食塩水　　ウ　水　　　　　　（　　　　）

(4) ふたのうらについていた(3)の液体は，どのようにしてできましたか。「水じょう
気」という言葉を使って書きましょう。

（　　　　　　　　　　　　　　　　　　　　　　　　　　）

5章 ものの変化

時間 30分　答え▶22ページ

★★★ チャレンジ テスト

1 空気でっぽうを使って、いろいろな実験をしました。次の問いに答えましょう。

1つ8〔48点〕

(1) 次の文は、図１のような空気でっぽう
のおしぼうをおしたときに、前玉が飛ぶ
理由を説明したものです。①〜③にあて
はまる言葉を、それぞれ書きましょう。

図1

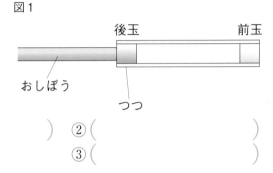

後玉　　　　　　　前玉

おしぼう

つつ

　　　①（　　　　　　　　　　）　②（　　　　　　　　　　）

　　　　　　　　　　　　　　　　　③（　　　　　　　　　　）

おしぼうをつつの中へおしこむと、（　①　）が前に進むため、（　②　）の体積が
小さくなる。小さくなった（　②　）は、元の体積に（　③　）としてまわりをおし返
したため前玉が飛んだ。

(2) 図２のように、空気でっぽうに空気と水を半分ずつ入れ、おしぼうでおすと、
前玉は(1)に比べてどうなりますか。次の**ア〜ウ**から選びましょう。

（　　　　　　　）　図2

ア (1)のときよりも遠くに飛ぶ。

イ (1)のときよりも近くに落ちる。

ウ (1)のときと同じくらい飛ぶ。

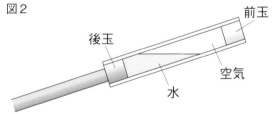

後玉

水

空気

前玉

(3) (2)のようになると考えた理由を、
「(1)のときに比べ」という書き出しに続けて書きましょう。

（(1)のときに比べ　　　　　　　　　　　　　　　　　　　　　　　　　）

(4) 下の図の⑦のように、空気でっぽうの先を水の中に入れて、おしぼうをおす
と、前玉が飛び出しました。そのときのようすとして正しいものを、**カ〜ク**から
選びましょう。

（　　　　　　　）

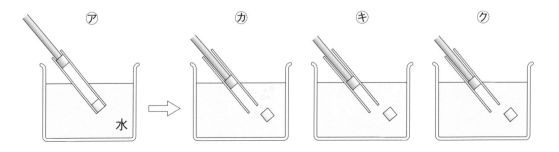

⑦　　　　　　　　カ　　　　　　　キ　　　　　　　ク

水

得点　　点

2

同じ体積の水，あるいは空気を注しゃ器に入れて，70℃の湯につけたところ，右の図のようになりました。図の㋐と㋑の注しゃ器のうち，水を入れた注しゃ器はどちらですか。記号で答えましょう。また，そのように考えた理由を書きましょう。　1つ8〔16点〕

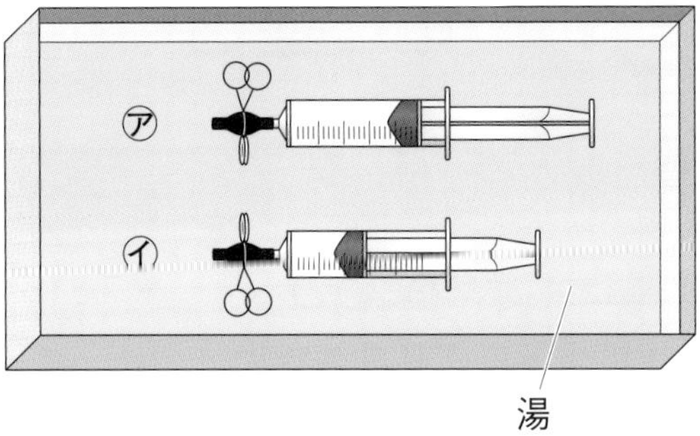

記号（　　　）

理由（　　　）

3

ビーカーに水とおがくずを入れ，図1のように下のほうの1か所（㋐）を熱しました。図2は，氷を入れた試験管を湯とおがくずの入っているビーカーにつけたものです。次の問いに答えましょう。　1つ9〔36点〕

図1

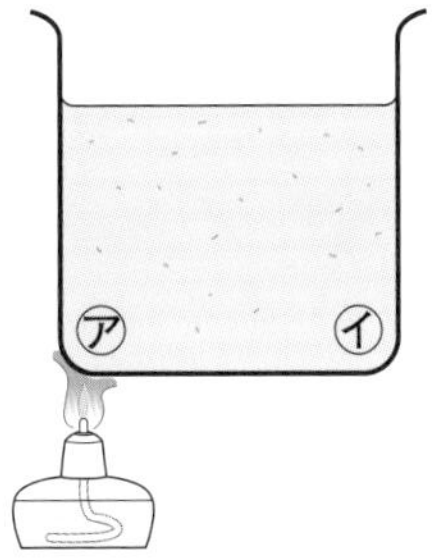

図2

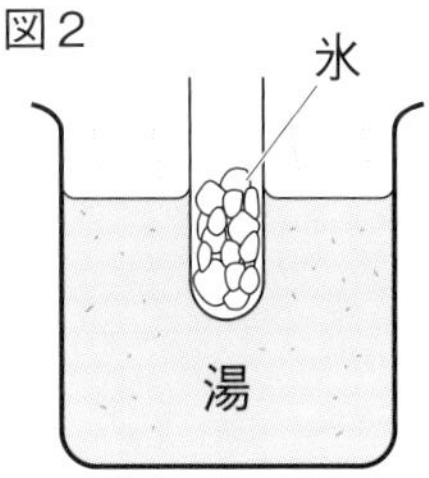

(1)　図1の㋐の部分を加熱しているときのおがくずの動くようすを，矢印を使って図1にかきましょう。

(2)　図1の㋐の部分の水の体積は，熱する前に比べてどのように変化していますか。次のア～ウから1つ選びましょう。（　　　）

ア　大きくなっている。

イ　小さくなっている。　ウ　変化していない。

(3)　図1の熱しているところ㋐の部分と，熱しているところから遠い㋑の部分とで，同じ体積の水の重さはどうなっていますか。次のア～ウから選びましょう。（　　　）

ア　㋐は㋑より重い。　イ　㋐と㋑で同じ。　ウ　㋐は㋑より軽い。

(4)　図2では，おがくずはどのように動くと考えられますか。次の㋕～㋘から選びましょう。（　　　）

㋕

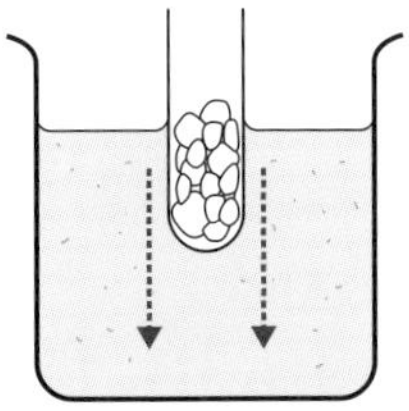

㋖

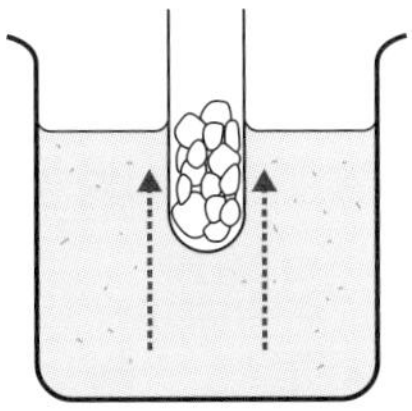

㋗

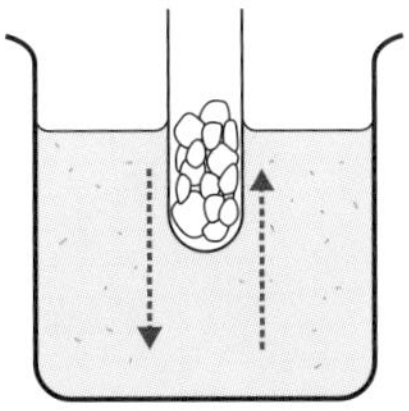

㋘

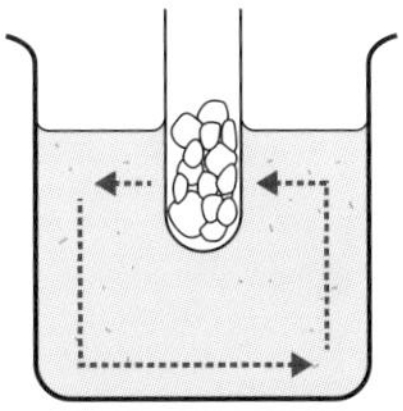

20 星と星ざ

・・・✦・✦ 標準 レベル ・・・・・・・・・・・ トライ
しよう

●星ざ早見の使い方

　観察する日の月日の目もりと時こくの目もりを合わせる。観察する方位を下にして持ち，頭の上にかざして使う。

▼7月15日の20時の北の空を観察しているようす

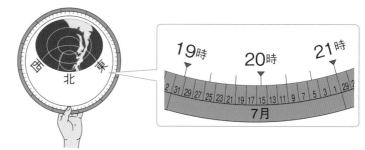

●夏の星ざ（南の空）

夏の大三角

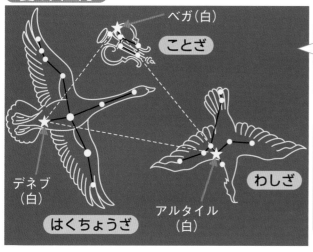

ベガ（白）
ことざ
デネブ（白）
はくちょうざ
アルタイル（白）
わしざ

ベガ，デネブ，アルタイルは白い色だよ。

夏の南の空の低いところに見えるよ。赤い1等星があるよ。

さそりざ

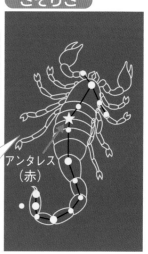

アンタレス（赤）

●冬の星ざ（南の空）

冬の大三角

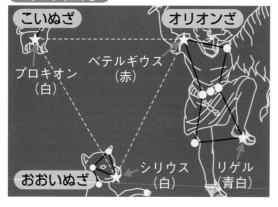

こいぬざ
プロキオン（白）
ベテルギウス（赤）
オリオンざ
おおいぬざ
シリウス（白）
リゲル（青白）

●1年中見える星ざ（北の空）

▪ おおぐまざ…「ひしゃく」のような形の北と七星が見られる。
▪ こぐまざ…北極星がある。
▪ カシオペヤざ…「W」の形をしている。

●星の見え方

▪ 星は，明るい順に，1等星，2等星，3等星，…に分けられる。
▪ 星は，色や明るさがちがっている。

キーポイント

▶季節によって，見える星ざはいろいろ変わる。
▶星ざをつくっている星は，明るさや色がそれぞれちがっている。

1 次の問いに答えましょう。

(1) 図１は，星ざをさがすときに使う道具を表しています。この道具を何といいますか。

（　　　　　　　　）

図１

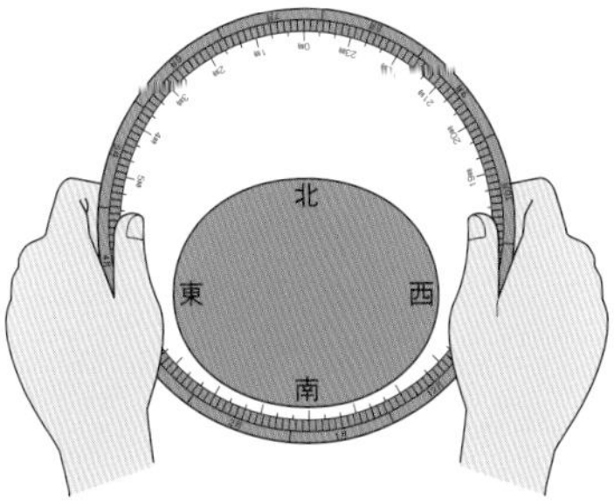
北
東
西
南

(2) 次の文の，①にあてはまる方位と，②にあてはまる数字を書きましょう。

①（　　　　　　　　）
②（　　　　　　　　）

図１から，（ ① ）の空を観察しており，観察した日時は，図２から，7月13日の（ ② ）時であると考えられる。

図２

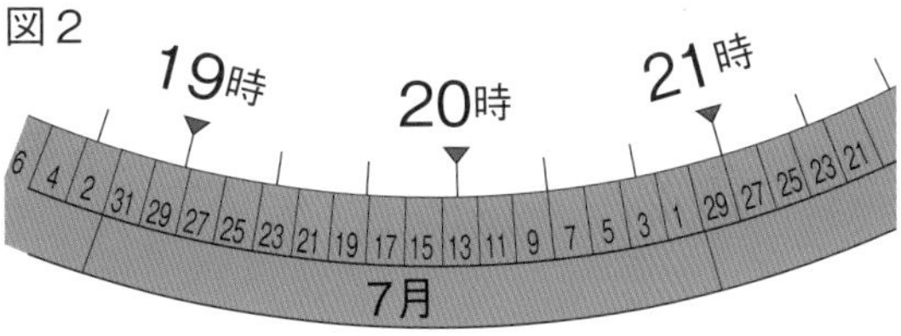
19時
20時
21時
6 4 2 31 29 27 25 23 21 19 17 15 13 11 9 7 5 3 1 29 27 25 23 21
7月

図１の道具の目もりのようす

2 右の図は，ある日の夜9時の星ざのようすを表したもので，㋐〜㋒は，すべて1等星です。次の問いに答えましょう。

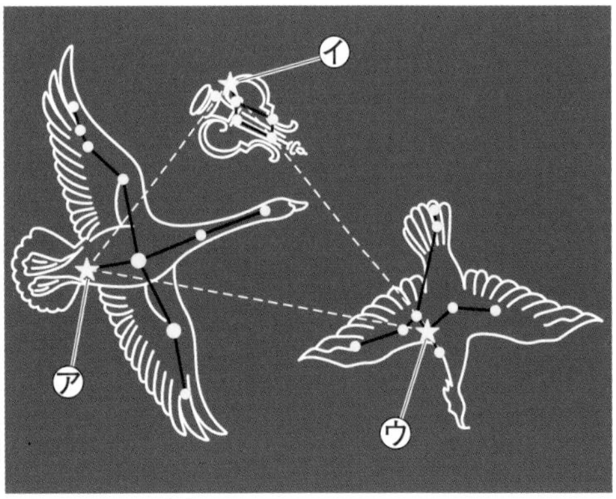
㋑
㋐
㋒

(1) この観察を行った時期として正しいものを，次の**ア**〜**エ**から選びましょう。

（　　　）

ア　1月　　**イ**　4月
ウ　7月　　**エ**　10月

(2) ㋐の星の説明として正しいものを，次の**ア**〜**エ**から選びましょう。

（　　　）

ア　はくちょうざのデネブである。　**イ**　はくちょうざのベガである。
ウ　わしざのデネブである。　**エ**　わしざのベガである。

(3) ㋒の星の名前を書きましょう。（　　　　　　）

(4) 1等星は，図中の他の星に比べてどのように見えますか。すべての1等星にあてはまるものを，次の**ア**〜**エ**から選びましょう。（　　　）

ア　白く見える。　**イ**　暗く見える。
ウ　明るく見える。　**エ**　赤く見える。

(5) ㋐〜㋒の1等星がつくる三角形を何といいますか。（　　　　　　）

20 星と星ざ

答え▶23ページ

・・・・・・・・・・・・✦✦✦ ハイ レベル ・・・・・・・・・・・・ マスターしよう

❶ 星ざ早見を使って，2月4日の夜空の観察をしています。図1は，このときの星ざ早見の目もりのようすです。あとの問いに答えましょう。

図1

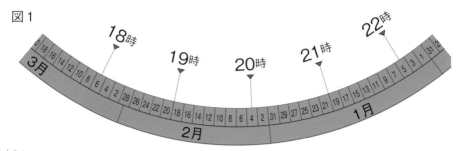

(1) 観察を行っていたのは何時ですか。　　　　　　　（　　　　　　　）

(2) 星のようすがこの日とほぼ同じに見える日時として正しいものを，次のア〜エから2つ選びましょう。　　　　　　　（　　　　　　　）

　　ア　1月5日21時　　　イ　1月25日21時
　　ウ　2月19日19時　　　エ　3月6日18時

(3) 図2は，この観察を行ったときに見えたリゲルの位置にシールをはったものです。次の文の①，③にあてはまる言葉，②にあてはまる数字を書きましょう。

図2

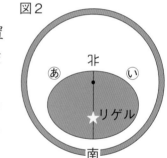

　　　　　　　　　①（　　　　　　　）
　　　　　　　　　②（　　　　　　　）
　　　　　　　　　③（　　　　　　　）

　　リゲルは（　①　）ざの（　②　）等星で，このときは（　③　）の空に見えていた。

(4) ⓐの方位を書きましょう。　　　　　　　（　　　　　　　）

❷ 肉眼で見える星のうち，最も明るい星が1等星，最も暗い星が6等星と決められており，6等星に比べて1等星は，100倍明るくかがやく星になります。また，6等星から5等星，5等星から4等星のように，数字が1小さくなると，明るさは2.5倍に明るくなります。次の問いに答えましょう。ただし，答えは小数第1位を四捨五入して，整数で答えましょう。

(1) 3等星は，5等星に比べて約何倍明るいですか。　　　　　　　（　　　　　　　）

(2) 2等星は，6等星に比べて約何倍明るいですか。　　　　　　　（　　　　　　　）

❸ みきさんとこうさんは，昨日観察した星の記録について話しています。あとの問いに答えましょう。

図1 【こうさんの記録】 19時

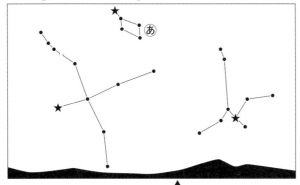

図2 【みきさんの記録】 21時

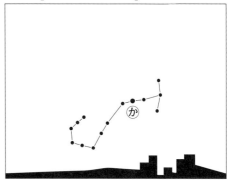

みき：こうさんが観察したのは，①夏の大三角だね。★は何のマークなの？

こう：★は1等星だよ。だから②夏の大三角はすぐに見つけられたんだ。みきさんは（ ③ ）の方位の空を観察したんだね。

みき：そうなの。●ⓚと書いてある星は，赤い星でとても目立っていたのよ。調べたところ，この星は，（ ④ ）ざの1等星の（ ⑤ ）だとわかったわ。

(1) 下線部①について，図1に，夏の大三角を表す線をかきましょう。

(2) 図1の▲で示した方位として正しいものを，次のア～エから選びましょう。

（　　　　）

ア 東　イ 西　ウ 南　エ 北

(3) 図1のあの星ざの名前と，この星ざにふくまれる1等星の名前をそれぞれ書きましょう。

星ざ（　　　　　　　　　）1等星（　　　　　　　　　）

(4) 下線部②のようにすぐに見つけられたのは，1等星は，他の星に比べてどのような特ちょうがあるためですか。

（　　　　　　　　　　　　　　　　　　　　　　　　　　　）

(5) 会話文中の③～⑤にあてはまる言葉を書きましょう。

③（　　　　　　　　）④（　　　　　　　　）

⑤（　　　　　　　　）

(6) この観察を行ったのは，いつごろと考えられますか。次のア～エから選びましょう。　（　　　　）

ア 1月　イ 4月
ウ 7月　エ 10月

💡 思考力アップ

各季節の代表的な星ざを覚えておきましょう。

21 月と星

●月の動き

月は，形によって，見える時こくが決まっているよ。

- 月は，日によって形が変わって見える。
- 月が見える位置は，時こくとともに，「**東→南→西**」へと変わる。

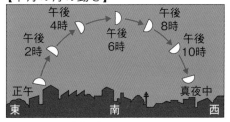

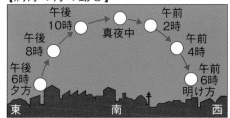

●月の形の変化

- 月の形は，およそ**1か月**でもとの形にもどる。
- **新月**の日を1日目とすると，3日後の月を**三日月**といい，15日目ごろに**満月**になる。

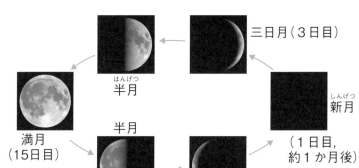

三日月（3日目）

半月

新月

（1日目，約1か月後）

満月（15日目）

半月

●星の動き

- 東からのぼった星は，時間がたつと，「**東→南→西**」へと位置が変わるが，星の**ならび方は変わらない**。

北極星はほとんど動かないよ。

東の空　　南の空　　西の空　　北の空

北極星

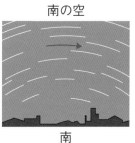
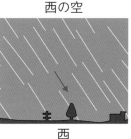
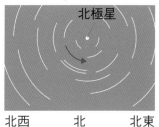

東　　　南　　　西　　　北西　北　北東

「右上がり」に星が動く。

「東から西へ」星が動く。

「右下がり」に星が動く。

「北極星」を中心に，時計のはりと反対向きに星が動く。

1 図1のような満月を観察しました。次の問いに 図1
答えましょう。

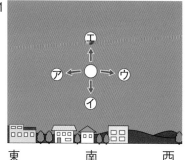

東　　　　南　　　　西

(1) 図１の満月を観察したのはいつごろですか。
正しいものを次のア〜エから選びましょう。
（　　　　）

ア　明け方　　　イ　正午
ウ　夕方　　　　エ　真夜中

(2) 図１の月は，この後⑦〜①のどちらへ動いていきますか。　図2
（　　　　）

(3) 図２は，見えない月を表しています。このような月を，何と
いいますか。　　　　　　　　（　　　　）

(4) 図２の月は，図１の月が見えた約何日後に見えますか。次の
ア〜エから選びましょう。　　　　（　　　　）
ア　約7日後　　　イ　約15日後　　　ウ　約21日後　　　エ　約30日後

2 右の図は，ある日の午後８時と午後９時の星ざの位置を，同
じ記録用紙にスケッチしたものです。また，⑨の星は北の方向
にある星で，２回の観察の間，動いていませんでした。次の問
いに答えましょう。

北　　　　東→

(1) 観察した星ざの名前を書きましょう。
（　　　　）

(2) 次の文は，図の記録からわかったことを，まとめたもので
す。①，②にあてはまる記号や言葉を書きましょう。
①（　　　）　②（　　　　）

　⑦と①のうち，午後８時に観察したのは（　①　）である。この観察から，北の
空の星は時間がたつと，⑨の星を中心にして，時計のはりと（　②　）向きに動い
ていくことがわかる。

(3) ⑨の星の名前を書きましょう。　　　　（　　　　）

(4) この観察から，時間がたつと，星ざをつくる星のならび方はどのようになるこ
とがわかりますか。

（　　　　　　　　　　　　　　　　　　　　）

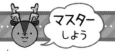

21 月と星

答え▶24ページ

ハイレベル　マスターしよう

1 ある日，真南の空に図1のような形の月が見えました。次の問いに答えましょう。

図1

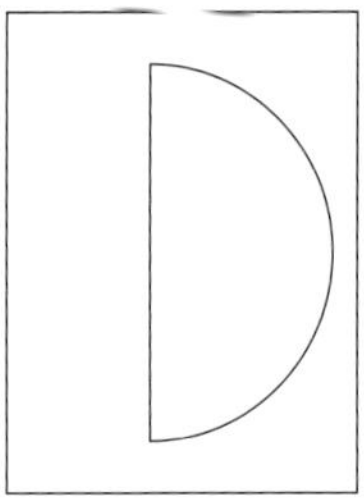

(1)　次の文は，この月について説明したものです。①～③の（　）にあてはまる言葉や数字として正しいものを，ア～ウからそれぞれ選びましょう。

①（　　　）②（　　　）③（　　　）

図1は，午後①（ア　3時　イ　6時　ウ　10時）ごろ，真南の空に見えた②（ア　半月　イ　新月　ウ　三日月）である。このとき，太陽は③（ア　東　イ　南　ウ　西）の空にある。

(2)　図1の月が地平線にしずむときのようすとして正しいものを，右の㋐～㋓から選びましょう。

㋐　㋑　㋒　㋓

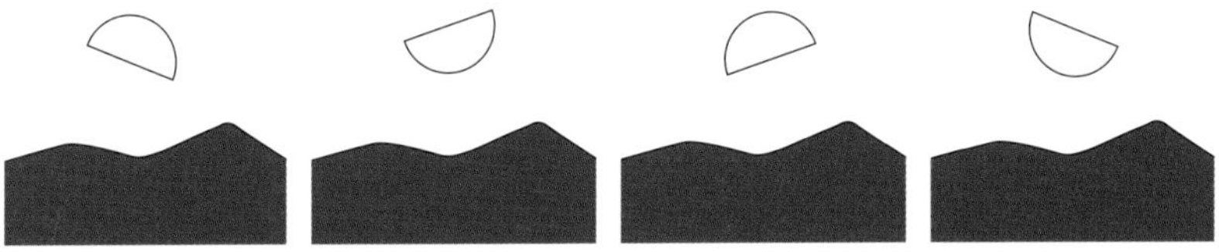

（　　　）

(3)　図2は，図1の月を観察した後に見られた月の形を表したものです。見られた順に㋕～㋘をならべましょう。

図2　㋕　㋖　㋗　㋘

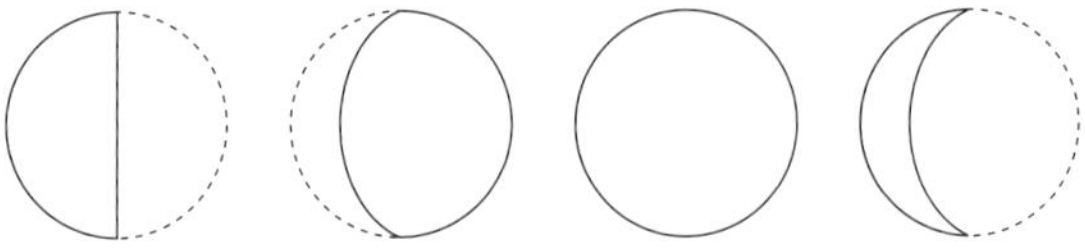

（　　→　　→　　→　　）

2 毎日，月を観察しましたが，月がどこにも見えないときがありました。次の(1)，(2)のようなとき，月が見えない理由として正しいと考えられるものを，あとのア～ウからそれぞれ選びましょう。ただし，(1)と(2)はちがう記号を選ぶものとします。

(1)　午後6時に三日月が見えたが，4時間後には月が見えなくなった。

（　　　）

(2)　午後9時ごろに満月が見えたが，2時間後には月が見えなくなった。

（　　　）

ア　月はしずんでしまったので，見えなくなった。
イ　太陽の光が明るすぎて，月が見えなかった。
ウ　月は出ていたが，雲にかくれていて，見ることができなかった。

❸ ある日の午後8時から，カメラのシャッターを
30分間開（あ）けたままで，ある星ざの写真（しゃしん）をとった
ところ，図のような写真（しゃしん）ができました。それぞれ
の線は，30分かけて星が動（うご）いたようすを表（あらわ）して
います。次の問いに答えましょう。

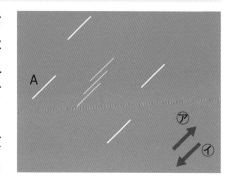

(1) この写真（しゃしん）は，東西南北のうち，どの方位（ほうい）の空
をとった写真（しゃしん）ですか。また，そのように考えた
理由（りゆう）を書きましょう。

方位（ほうい）（　　　　　　　　）

理由（りゆう）（　　　　　　　　　　　　　　　　）

(2) この写真（しゃしん）にうつっている星は，図の㋐と㋑のどちらの方向（ほうこう）に動（うご）いていました
か。　　　　　　　　　　　　　　　　　　　　　　　（　　　　　　　　）

(3) この写真（しゃしん）にうつっている星ざの名前を書きましょう。

（　　　　　　　　）

(4) 次の文は，Aの星について説明（せつめい）したものです。①，②にあてはまる言葉（ことば）を書き
ましょう。　　　　①（　　　　　　　）　②（　　　　　　　）

Aの星は，（　①　）い色をした（　②　）とよばれている１等星（とうせい）である。

(5) この写真（しゃしん）をとった時期（じき）として考えられるものを，次のア〜エから選（えら）びましょ
う。　　　　　　　　　　　　　　　　　　　　　　　（　　　　　　　　）

ア　３月ごろ　　イ　６月ごろ　　ウ　９月ごろ　　エ　12月ごろ

❹ 右の図は，ある月の夜9時ごろに見た東の空の星のス
ケッチです。星の大きさは，明るさのちがいを表（あらわ）してい
ます。次の問いに答えましょう。

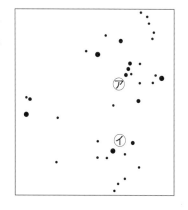

(1) 冬の大三角を，線でつないで図にかきましょう。

(2) 図の㋐の星ざが真南にきたときのようすとして最（もっと）も
適（てき）したものを，次のカ〜クから選（えら）びましょう。

（　　　　　　　　）

(3) 図の㋑の星は，夜空で最（もっと）も明るくかがやく星です。この星の名前を書きましょ
う。　　　　　　　　　　　　　　　　　　　　　　　（　　　　　　　　）

22 水のすがたとゆくえ①

標準 レベル

トライ
しよう

●地面のかたむき

実験　地面のかたむきを調べる

●ビー玉を使って，地面のかたむきを調べよう！

❶雨水が流れているところで調べる。

> 雨水が川のように
> 流れていたところ

ビー玉

紙のつつを
切ったもの

❷水たまりのまわりで調べる。

> 水たまりができていたところと
> できていなかったところの境目

ビー玉を置く。

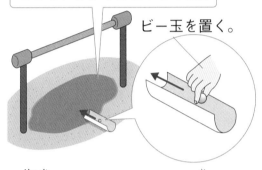

！結果　雨水が流れているほうに向かってビー玉が動いた。

！結果　水たまりのほうに向かってビー玉が動いた。

雨水の流れ方　雨水は，**高いところから低いところ**へ向かって流れる。

●水のしみこみ方

実験　土への水のしみこみ方のちがいを調べる

●水のしみこみ方のちがいを調べよう！

つぶが小さい
土
ガーゼ
あな

つぶが大きい
すな
あな

水の量は同じ
にする。

土の量は同じ
にする。

！結果

土とすなでは，すなのほうが早く水がしみこんだ。

★わかったこと

つぶが小さい土よりも，つぶの大きいすなのほうが，水がしみこみやすい。

水のしみこみ方　土のつぶが大きいほど，水は土にしみこみやすい。

キーポイント
▶雨水は，高いところから低いところに向かって流れる。
▶土やすなのつぶが大きいほど，水はしみこみやすくなる。

1 **図のような，雨水が流れていたところで，紙のつつを切ったものとビー玉を図のように置いたところ，ビー玉が図の向きに転がりました。次の問いに答えましょう。**

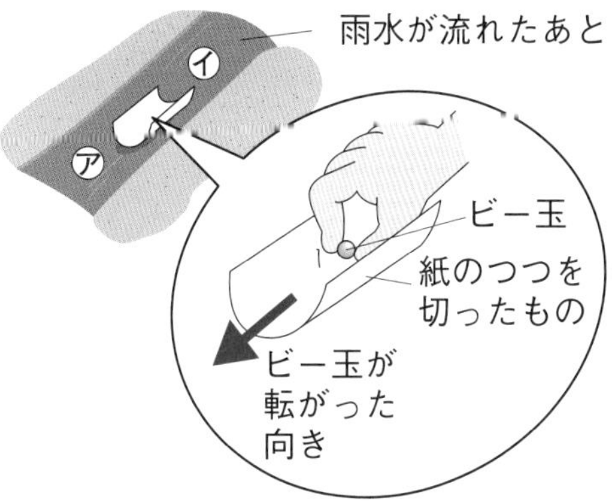
雨水が流れたあと
㋑
㋐
ビー玉
紙のつつを
切ったもの
ビー玉が
転がった
向き

(1)　この実験で，何を調べていますか。次の**ア**～**エ**から選びましょう。（　　　）
ア　地面のぬれ方　　**イ**　地面のかたむき
ウ　水のしみこみ方　　**エ**　土の温度

(2)　図から，㋐と㋑で，高さが高くなっているのはどちらですか。（　　　）

(3)　この場所を雨水が流れるとき，どのように流れますか。次の**ア**～**ウ**から選びましょう。（　　　）
ア　㋐から㋑へ向かって流れる。　　**イ**　㋑から㋐へ向かって流れる。
ウ　㋐と㋑から，つつの真ん中へ向かって流れる。

(4)　次の文は，水たまりについて説明したものです。（　　）にあてはまる言葉を書きましょう。（　　　　　　）

水たまりに水がたまったのは，水たまりのまわりよりも，水たまりの真ん中のほうが，（　　）なっているためである。

2 **図のようにして，水のしみこみ方のちがいについて調べました。次の問いに答えましょう。**

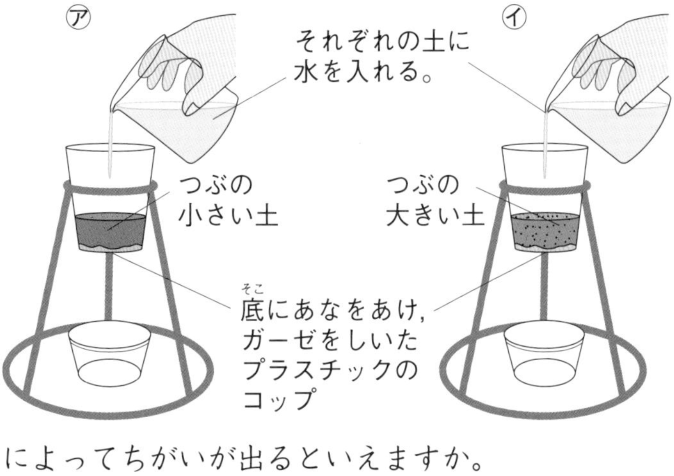
㋐
㋑
それぞれの土に
水を入れる。
つぶの
小さい土
つぶの
大きい土
底にあなをあけ，
ガーゼをしいた
プラスチックの
コップ

(1)　同じ量の水を入れたとき，水がすべてしみこむまでにかかる時間は，㋐と㋑のどちらが短いですか。（　　　）

(2)　水のしみこみ方は，土の何によってちがいが出るといえますか。（　　　　　　）

(3)　水たまりができやすい土のつぶは，どのようになっていると考えられますか。
（　　　　　　　　　　　　　　　　　　　　　　　　　）

22 水のすがたとゆくえ①

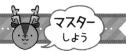

答え▶25ページ

ハイレベル

マスターしよう

1 上下2つに切ったペットボトルで図のようなそう置を作り，㋐には校庭の土，㋑にはすな場のすな，㋒には庭のじゃりを入れました。次に，㋐～㋒に水を入れ，水がしみこむようすを調べました。あとの問いに答えましょう。

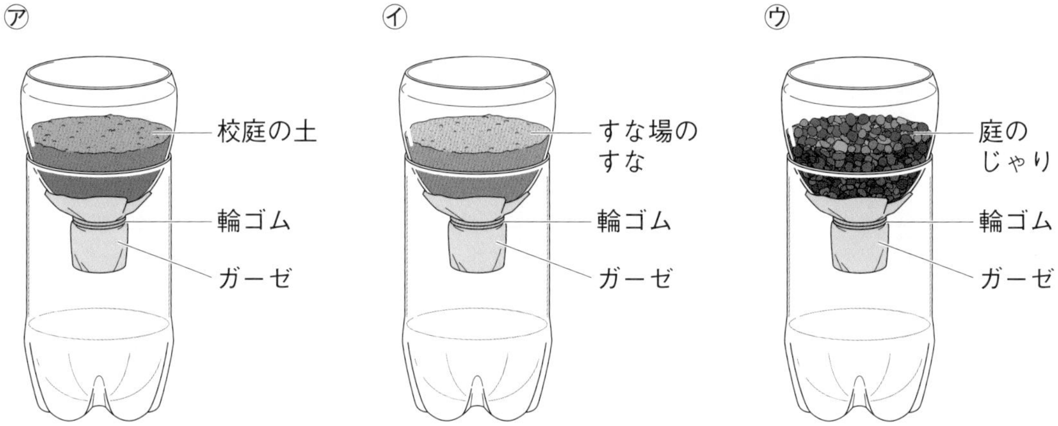

(1) この実験を行うとき，同じにしなければ正しい結果が得られない条件は何ですか。同じにする条件を，次のア～エから2つ選びましょう。

（　　　　　　　　　）

ア　土，すな，じゃりの量
イ　土，すな，じゃりの色
ウ　入れる水の量
エ　そう置を置く高さ

(2) 水を入れ始めてから出終わるまでの時間を調べると，最も長かったのが㋐，最も短かったのが㋒となりました。この時間が短いものほど，土(すなやじゃり)にどのような特ちょうがありますか。

（　　　　　　　　　　　　　　　　　　　　　　　　　）

(3) 実験の結果((2)の下線部)から，次の①，②の場所の地面には，下のア～ウのうちのどれを使うとよいと考えられますか。それぞれ選びましょう。また，そのように考えた理由を「水」という言葉を使って書きましょう。

ア　つぶの小さな土　　**イ**　すな　　**ウ**　じゃり

① ちゅう車場　記号（　　　）
理由（　　　　　　　　　　　　　　　　　　　　　）
② 水田　記号（　　　）
理由（　　　　　　　　　　　　　　　　　　　　　）

2 **図1のような手あらい場があります。図2は，手あらい場の水道を上から見たときのようすです。あとの問いに答えましょう。**

図1

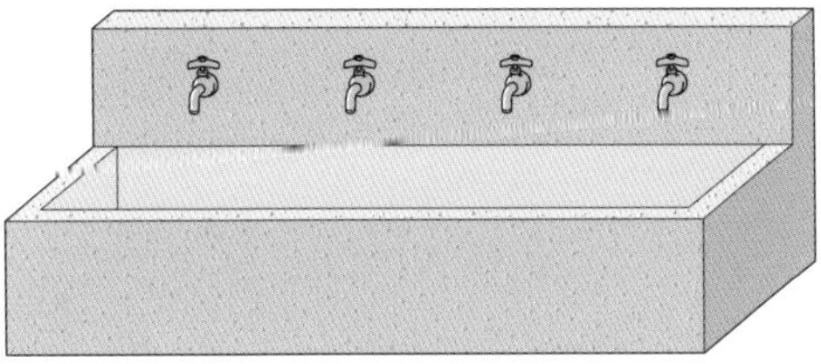

図2

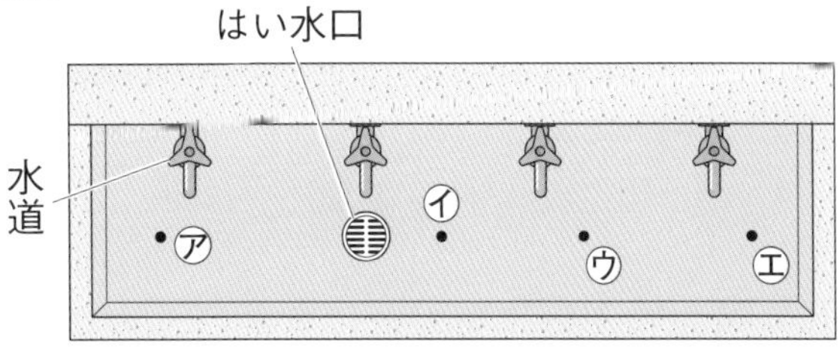

(1) すべての水道から水を流したところ，水ははい水口へ向かって流れました。これは，水がどのようなところに流れる性質を利用しているからですか。

（　　　　　　　　　　）

(2) はい水口にふたをして水をため，図2の㋐～㋓の点に葉をうかべました。

① ㋐～㋓の点で，水の深さはどうなっていますか。次の**ア**～**オ**から選びましょう。（　　）

ア ㋐がいちばん深くなっている。　**イ** ㋑がいちばん深くなっている。

ウ ㋒がいちばん深くなっている。　**エ** ㋓がいちばん深くなっている。

オ 深さはどこも変わらない。

② この後，はい水口のふたを取ると，それぞれの点にある葉はどのような向きに動き出しますか。葉が動く向きを矢印（ ──▶ ）で表しましょう。

㋐（　　　）　㋑（　　　）

㋒（　　　）　㋓（　　　）

(3) ㋑～㋓で，最も高さが高い点はどこですか。（　　）

ちょこっとサイエンス

<農業と水はけ>

作物を育てるためには，その植物にあった方法で育てます。例えば，イネは，育てるために大量の水を必要とするので，水がしみこみにくいつぶの小さい土の場所に水田を作ります。一方，果物を育てる場合は，水がしみこみにくい土地で育てると，根がいたんでしまうので，水がしみこみやすい土のつぶが大きい土地で育てる必要があります。この水のしみこみやすさを「水はけ」といいます。

▶水田

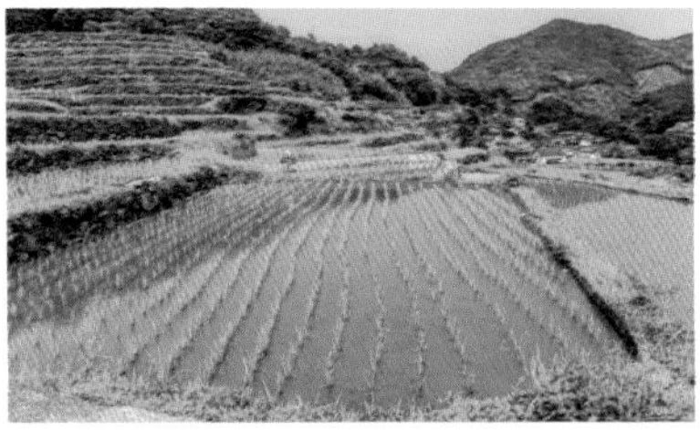

▶ナシのさいばい

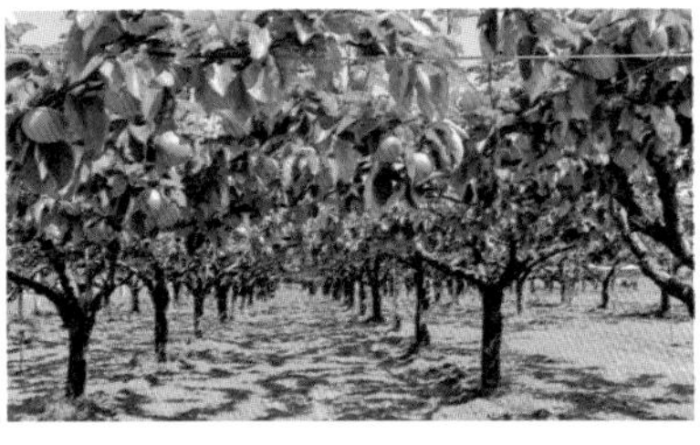

答え▶25ページ

23 水のすがたとゆくえ②

標準 レベル　　　トライしよう

●水のゆくえ

🧪実験　水のゆくえを調べる

●容器に入れた水の変化を調べてみよう！

水をほおっておくと少なくなるのはなぜだろう？

❶水面に印をつけてそのまま3日間放置する。

水

印

初めの
水面の
位置

水面が
下がった。

❷水面に印をつけた後，ラップシートなどでふたをして，3日間放置する。

内側に
水てき
がつく。

ふた

水面の
位置は同じ。

❗結果　水が減った。

❗結果　水の量は変わらなかった。

水のゆくえ

- 水は，ふっとうしなくても表面からじょう発して，水じょう気に変わる。
- 水じょう気に変わった水は，空気中に出ていく。

●空気中にある水

🧪実験　空気中に水があるかどうか調べる

空気中には，気体の水があるんだよ。

●冷たい水を使って，空気中に水があるかどうかを調べてみよう！

冷たい水

水てき

印

コップに冷たい水を入れた後，ふたをし，水面の位置に印をつける。その後，コップの表面のようすを観察する。

❗結果　コップの外側のうち，冷たい水がある部分に水てきがついた。

★わかったこと　空気中の水じょう気が冷やされて水になった。

空気中の水
空気中の水じょう気は，冷やされると水になる（結ろ）。

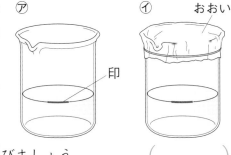

キーポイント

▶水は表面からじょう発して水じょう気となり，空気中に出ていく。

▶空気中の水じょう気は，冷えると水になる。

1 図のように，同じ量の水を入れたビーカーの水面の位置に印をつけて，㋐のビーカーはそのまま，㋑のビーカーはラップシートでおおいをして，同じ日なたの場所に数日放置しました。次の問いに答えましょう。

(1) 数日放置した後，水の量を比べたときのようすとして正しいものを，次のア～ウから選びましょう。　（　　　）

ア　㋐のほうが多く減っている。　イ　㋑のほうが多く減っている。

ウ　㋐も㋑も水の減り方は同じ。

(2) (1)で減った水について説明した次の文の①～③にあてはまる言葉を，右の □ から選んで書きましょう。

じょう発　　空気中　水じょう気

① （　　　　　）

② （　　　　　）　③ （　　　　　）

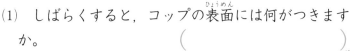

ビーカーの中の水は，表面から（　①　）になって（　②　）し，（　③　）へ出ていった。

(3) 数日放置した㋑のおおいの内側には何がつきますか。（　　　　　）

2 図のように，冷ぞう庫でよく冷やしたコップを，つくえの上に置きました。次の問いに答えましょう。

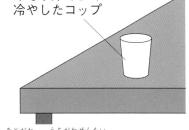

冷ぞう庫でよく冷やしたコップ

(1) しばらくすると，コップの表面には何がつきますか。（　　　　　）

(2) (1)はどのようについていますか。正しいものを次のア～エから選びましょう。　（　　　）

ア　コップの外側全体にだけつく。　イ　コップの外側と内側全体につく。

ウ　コップの下半分につく。　　　　エ　コップの上半分につく。

(3) 次の文は，コップについた水てきがどのようにしてできたかを説明したものです。①，②にあてはまる言葉を書きましょう。

① （　　　　　）　② （　　　　　）

コップの表面についていた水てきは，（　①　）にあった（　②　）が冷やされて水になったものである。

学習した日　　月　　日

23 水のすがたとゆくえ②

答え▶26ページ

ハイレベル　マスターしよう

1 水には，次のような性質があります。あとの問いに答えましょう。

【水の性質】
❶ 水は，加熱しなくても常に表面からじょう発し，空気中に出ていく。
❷ 空気中には水じょう気があり，これは冷やされることで，水になる。

(1) 【水の性質】の❶を調べるために，図1のように，水を入れた同じコップを2つ用意しました。この2つのコップを使ってどのような実験をすればよいでしょうか。次の文の①～③にあてはまる言葉を書きましょう。

図1

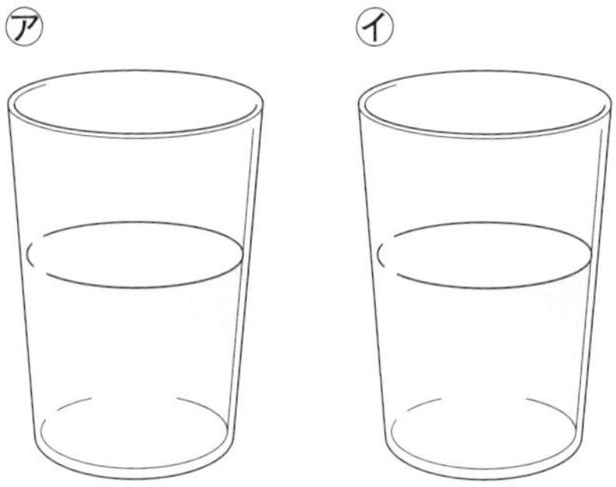

①（　　　　）
②（　　　　）
③（　　　　）

㋐と㋑に入れる水の量を（ ① ）にして，（ ② ）の位置に印をつける。㋐のコップはそのままにし，㋑のコップにはラップシートなどで（ ③ ）をして，数日間放置する。この後，水の減り具合を調べる。

(2) (1)で行った実験では，一方のコップの内側にたくさんの液体がついていました。この液体はどのようにしてできたものですか。

（　　　　）

(3) 【水の性質】の❷を調べるために，図2のように，部屋と同じ温度の水を入れたコップに氷を入れたところ，しばらくしてコップの表面がくもり始めました。このくもりは何でできていますか。

（　　　　）

図2

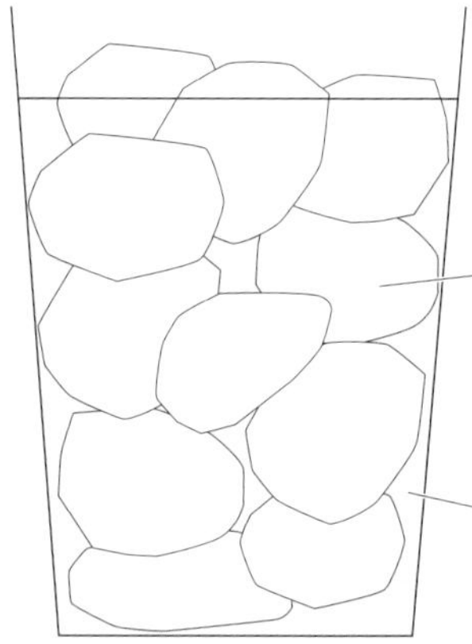

(4) (3)の下線部で，図2のコップの表面がくもったのはどの部分ですか。しゃ線を引いて表しましょう。

(5) (3)の下線部の後，図2のコップを1日放置したところ，コップの表面のくもりがなくなっていました。コップの表面についていたくもりは何になってどうなりましたか。

（　　　　）

2 図のようにして，ほす前のタオルの重さをはかったところ，800gでした。6時間後にタオルの重さをはかったところ，210gでした。あとの問いに答えましょう。

図1

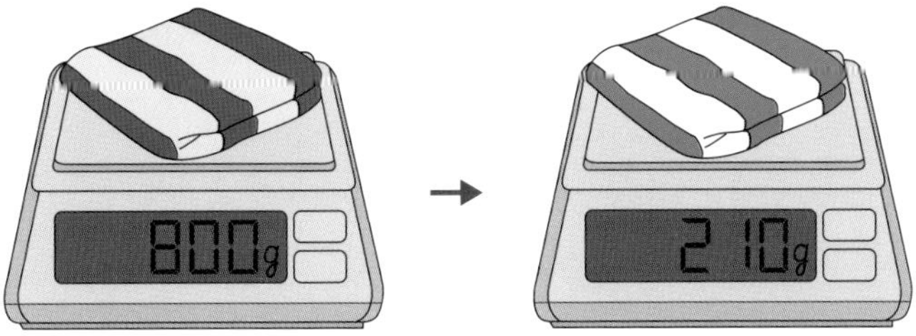

ほす前のタオル　　ほした後のタオル

(1) 減った重さは何gですか。（　　　　）

(2) 6時間後，タオルの重さが減ったのはなぜですか。「空気」という言葉を使って書きましょう。

（　　　　　　　　　　　　　　　　）

(3) 別の日に同じ実験をしたところ，ほす前のタオルの重さは800gでしたが，6時間後のタオルの重さは430gでした。図2は，実験を行ったそれぞれの日の気温の変化をグラフにまとめたものです。ほした後のタオルの重さが210gになった日の気温の変化は，図2の㋐と㋑のどちらであったと考えられますか。（　　）

図2

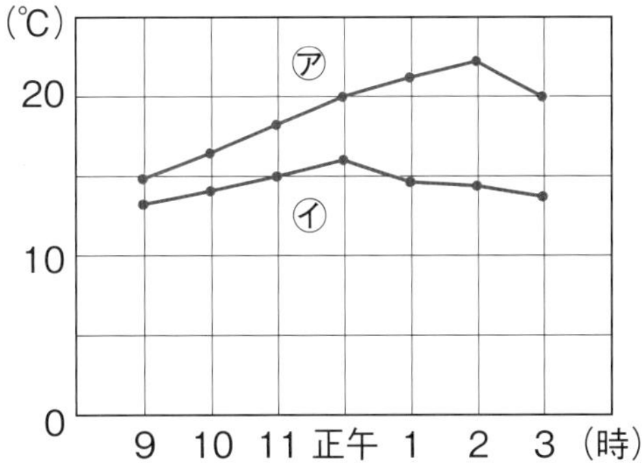

(4) せんたく物はどのような日によくかわくと考えられますか。次の**ア**～**オ**からあてはまるものをすべて選びましょう。（　　　　）

ア　空の雲が少ない日　　**イ**　天気がくもりの日

ウ　気温が高い日　　**エ**　気温が低い日

オ　日光がよくあたる日

(5) ぬれたタオルの水に起こった水のすがたの変化と同じ変化であるものを，次の**ア**～**エ**から選びましょう。（　　）

ア　部屋のまどガラスの内側に，水てきができた。

イ　水をわかしているポットの口の先に湯気が出ている。

ウ　水の入ったバケツを数日放置したところ，バケツの中の水が減った。

エ　雪だるまがとける。

6章 月と星／水のゆくえ

時間 30分　答え▶26ページ

✦✦✦ **チャレンジ** テスト

1 そうたさんとみはるさんは，月の観察を行い，結果について話し合っています。図1，図2は，そうたさんとみはるさんがかいた記録用紙の一部です。あとの問いに答えましょう。

1つ8〔40点〕

みはる

> わたしが夕方に観察した月は，きれいな三日月だったのよ。そうたさんはどんな月を観察したの？

そうた

> 日付を見ると，みはるさんが観察した日のちょうど12日後になっているな。ぼくの記録用紙はこれだよ。

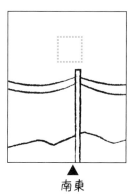

図1

南東

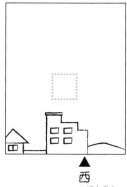

図2

西

(1) みはるさんの記録用紙は，図1，図2のどちらでしたか。番号で答えましょう。また，そのように考えた理由を書きましょう。

番号（　　　　　　　　　）

理由（　　　　　　　　　　　）

(2) 図1，図2の □ にあてはまる月の形をそれぞれ解答らんの ◯ を使って線でかきましょう。

図1 　　図2

(3) 図1，図2の月について説明した文として正しいものを，次のア〜エから選びましょう。

（　　　　　　　）

ア　図1の月は，この後，左下に向かって動く。

イ　図1の月は，この後，左上に向かって動く。

ウ　図2の月は，この後，右下に向かって動く。

エ　図2の月は，この後，左上に向かって動く。

得点　　　　点

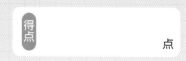

2 右の図は，夏の夜の地平線近くにのぼった星のようすを表しています。次の問いに答えましょう。

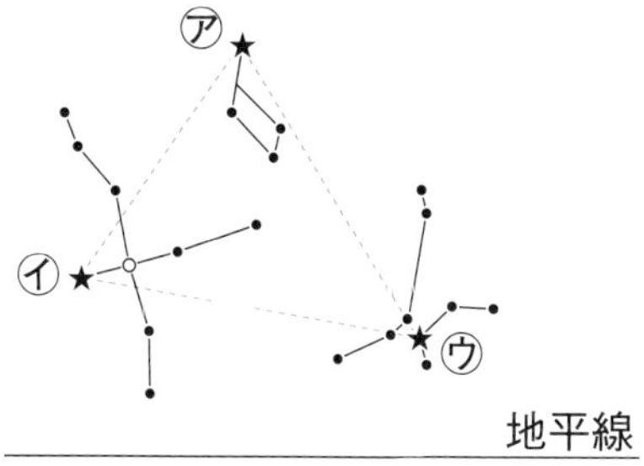

1つ8〔48点〕

(1) ㋐，㋑，㋒の3つの1等星を結んでできた大きな三角形を何といいますか。

(　　　　　　)

(2) ㋑の1等星は，はくちょうざの星の1つです。この星について説明した①，②にあてはまる言葉を書きましょう。

①(　　　　　　)　②(　　　　　　)

㋑は，(①)色にかがやく1等星で，名前は(②)である。

(3) 図の星は，東西南北のうち，どちらの方角の地平線にしずんでいきますか。

(　　　　　　)

(4) 図の星が地平線にしずむとき，大きな三角形はどのように見えますか。次のア～エから選びましょう。(　　　)

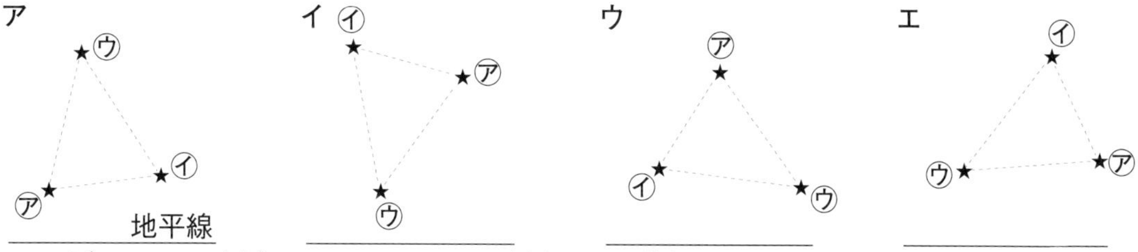

(5) 続けて星の観察をするときは，観察する場所はどのようにしますか。

(　　　　　　　　　　　　　　)

3 右の図のように，冷ぞう庫から出したペットボトル㋐と部屋にあったペットボトル㋑をならべて置いたところ，一方にだけ，ペットボトルの表面に液体がつきました。次の問いに答えましょう。

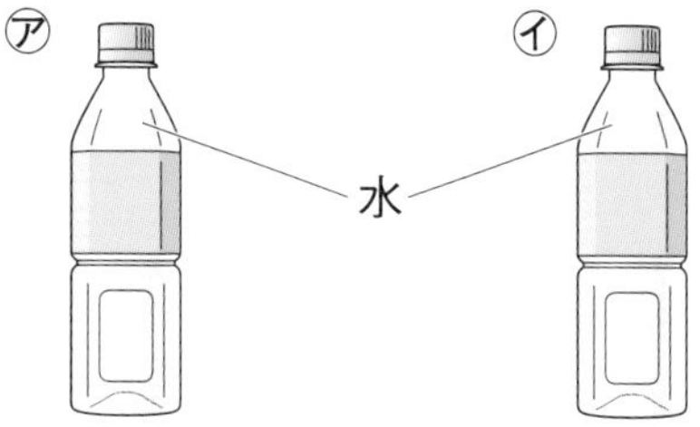

1つ6〔12点〕

(1) 下線部のようになったペットボトルは，㋐と㋑のどちらですか。(　　　)

(2) 下線部のようになった理由を，次のア～エから選びましょう。(　　　)

ア　ペットボトルの中の水がしみ出してきたため。

イ　ペットボトルの中の水がじょう発したため。

ウ　ペットボトルの外の水じょう気が冷やされたため。

エ　ペットボトルの外の水じょう気がじょう発したため。

24 電流のはたらき①

標準 レベル　　　トライ しよう

●かん電池と電流

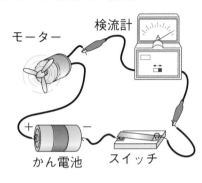

モーター　検流計

＋　かん電池　−　スイッチ

- 電気の流れを電流という。電流は，かん電池の＋極から出て，−極に向かって流れる。
- 検流計を使うと，電流の大きさと，電流が流れる向きがわかる。

　　はりのさす目もり→「電流の**大きさ**」
　　はりのふれる向き→「電流の**向き**」

発光ダイオードは，決まった向きにしか電流が流れないから，向きを正しくつながないと明かりがつかないよ。

●モーターと電流

実験　電流の向きとモーターの動き方を調べる

●電流の向きを変えたときのモーターの回る向きを調べてみよう！

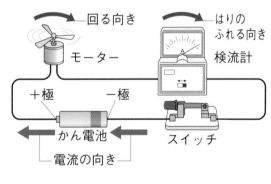

回る向き　はりのふれる向き　モーター　検流計　＋極　−極　かん電池　スイッチ　電流の向き

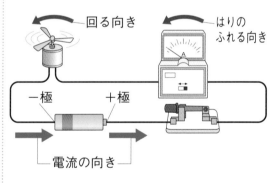

回る向き　はりのふれる向き　−極　＋極　電流の向き

！結果
- かん電池の向きを反対にすると，回路を流れる電流の向きが変わった。
- 回路を流れる電流の向きが変わると，モーターの回る向きも変わった。

●電気用図記号

電気用図記号を用いると，回路を記号で表すことができる。

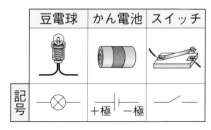

	豆電球	かん電池	スイッチ
記号	⊗	＋極 —|⊢ −極	／

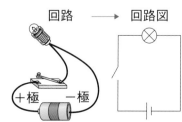

回路　⟶　回路図

＋極　−極

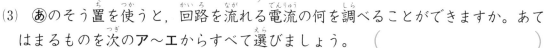

キーポイント
▶電流は，かん電池の＋極から出て，－極に向かう向きに流れる。
▶回路に流れる電流の向きが変わると，モーターの回る向きが変わる。

1 図1のように，かん電池，モーター，スイッチ，あのそう置を導線でつなぎ，回路を作りました。次の問いに答えましょう。

図1

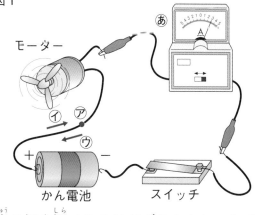

モーター
イ ア ウ
＋ かん電池 － スイッチ

(1) 図1の⑦の点を流れる電流の向きは，④と⑤のどちらですか。
（　　　）

(2) あのそう置を何といいますか。
（　　　）

(3) あのそう置を使うと，回路を流れる電流の何を調べることができますか。あてはまるものを次のア～エからすべて選びましょう。（　　　）
ア 回路を流れる電流の向き
イ 回路を流れる電流の大きさ
ウ 回路を流れる電流の温度
エ 電流の流れやすさ

図2 ⑥

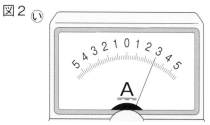

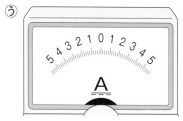

(4) 図2の⑥は，図1のあのそう置の目もりを表したものです。かん電池の＋極と－極を入れかえたときについて答えましょう。
① 検流計のはりはどのようになりますか。図2の⑤にかきこみましょう。
② ①のようになるのはなぜですか。理由を書きましょう。
（　　　）
③ モーターが回転する向きは，図1のときと比べてどのようになりますか。次のア～ウから選びましょう。（　　　）
ア 図1と同じ向きに回る。
イ 図1と反対向きに回る。
ウ モーターが回らなくなる。

　回路にかん電池をつなぐとき，かん電池と検流計だけをつないではいけません。必ずとちゅうに，モーターや豆電球などの電気器具をつなぐようにしましょう。かん電池と検流計だけをつなぐと，大きすぎる電流が回路を流れ，検流計などがこわれるためです。
　また，電池の＋極と－極を，間に豆電球などをつながず，直接導線でつないだときも，大きすぎる電流が回路を流れ，危けんです。
　このような大きすぎる電流が流れる回路を，「ショート回路」といいます。

24 電流のはたらき①

答え▶27ページ

ハイレベル　マスターしよう

1 図1のように，かん電池にモーター，スイッチをつなぎ，プロペラを回しました。次の問いに答えましょう。

図1

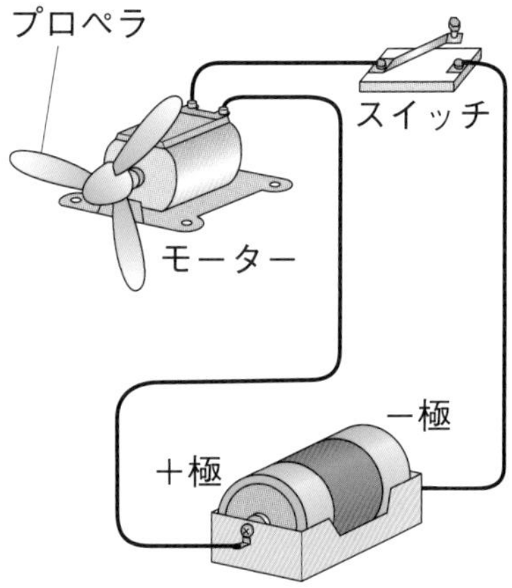

(1) 図1の回路を，電気用図記号を使ってかきましょう。ただし，モーターの電気用図記号は，Ⓜです。

(　　　　)

(2) 次の文が正しくなるように，①～③にあてはまる記号や言葉を書きましょう。

①(　　　　)　②(　　　　)
③(　　　　)

電気は，かん電池の(　①　)極から出て，モーターを通り，(　②　)極へ向かう向きに流れる。この電気の流れを(　③　)という。

(3) かん電池の＋極と－極を反対にしてつなぐと，プロペラの回る向きはどうなりますか。

(　　　　)

(4) 図1の回路に発光ダイオードをつなぎ，図2のような回路を作ったところ，モーターは回転し，発光ダイオードも明かりがつきました。次に，発光ダイオードから出ている㋐と㋑の導線を逆につないだところ，発光ダイオードの明かりが消え，モーターの回転も止まりました。この結果から，発光ダイオードにはどのような性質があることがわかりますか。次の**ア**～**エ**からすべて選びましょう。(　　　　)

図2

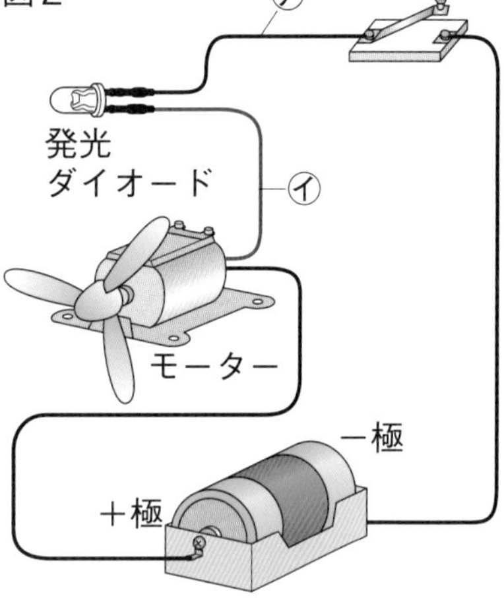

ア　電流が流れる向きが決まっている。
イ　小さな電流は流れない。
ウ　明かりがついたときと逆向きの電流を流すと，流れる電流が小さくなる。
エ　明かりがついたときと逆向きの電流を流そうとしても，電流は流れない。

2 回路について，あとの問いに答えましょう。

図１

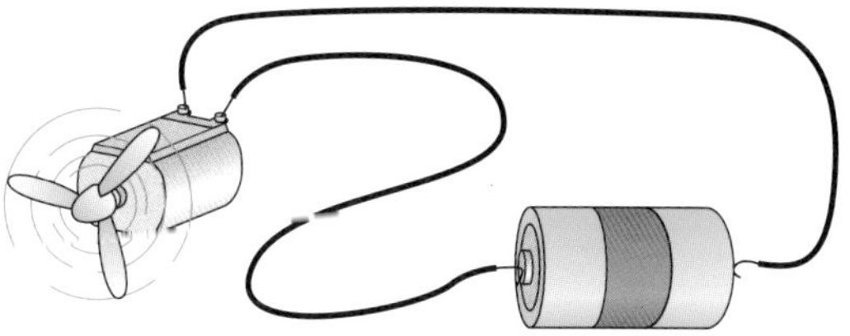

図２

(1)　図１と図２の回路のモーターが反対の向きに回るように，図２に，モーターとかん電池をつなぐ導線をかきましょう。

図３

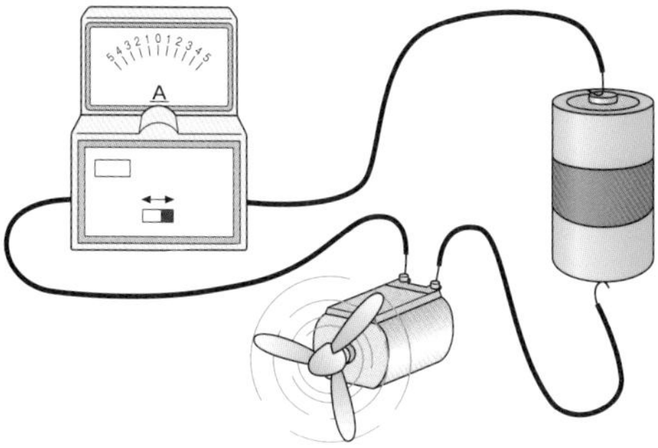

(2)　図３のような回路を作ったところ，モーターのプロペラが回転しました。ただし，検流計のはりはかかれていません。図３のときの検流計のはりのさす向きとして正しいものを，次の㋐～㋒から選びましょう。（　　　　）

㋐

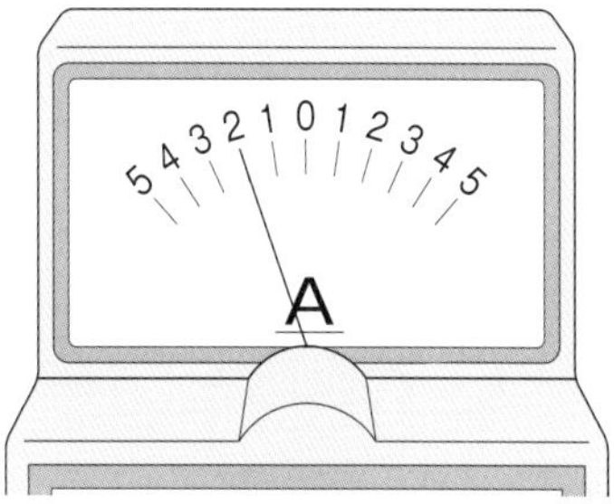

㋑

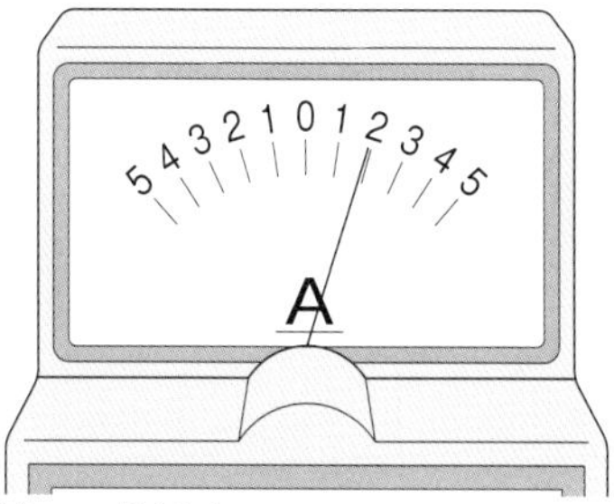

㋒

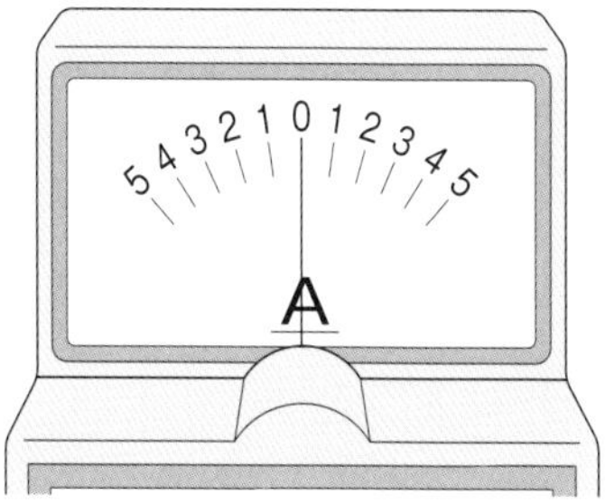

(3)　(2)の検流計のはりが，反対の方向にかたむくようにするためには，図３の何をどのように変えればよいですか。

（　　　　　　　　　　　　　　　　　　　　　　　　　　）

ホッとひといき

電線に３羽の鳥がとまっています。感電する危けんがある鳥はどれでしょう。

①　１本の電線に，かたあしでとまっている鳥㋐。

②　１本の電線に，両あしでとまっている鳥㋑。

③　１本の電線に，両あしでとまって，２本目の電線に羽やしっぽがふれそうな鳥㋒。

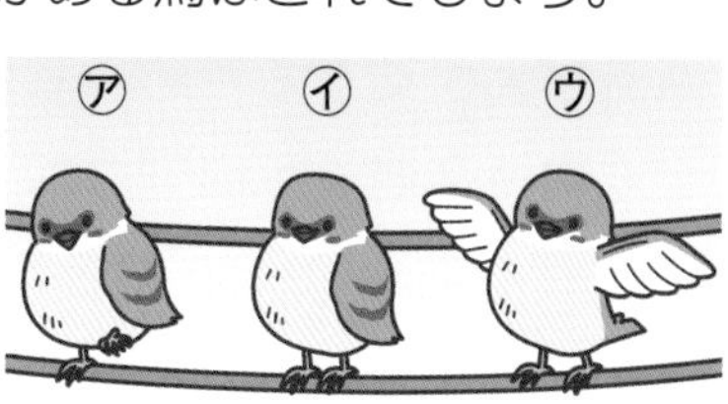

学習した日　　月　　日

答え▶27ページ

25 電流のはたらき②

標準レベル

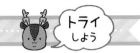

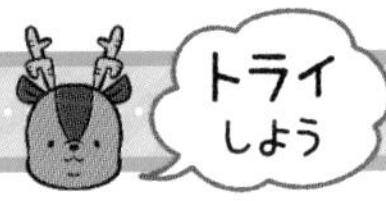
トライしよう

●かん電池のつなぎ方

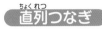

直列つなぎ

2個のかん電池が，ちがう極でつながっているね。

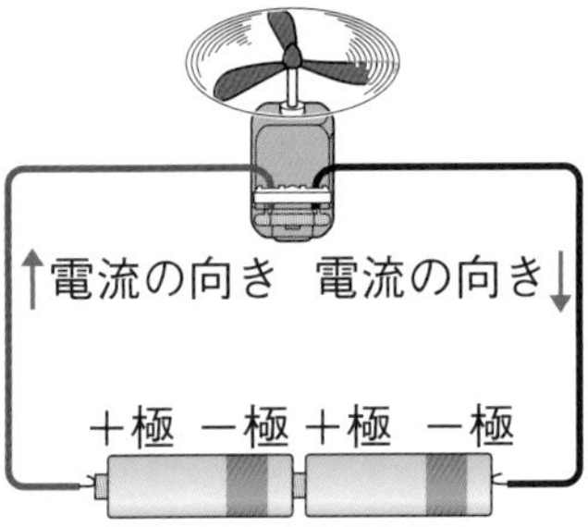
電流の向き
電流の向き
＋極
－極
＋極
－極

へい列つなぎ

2個のかん電池の＋極どうし，－極どうしをまとめてつないでいるね。

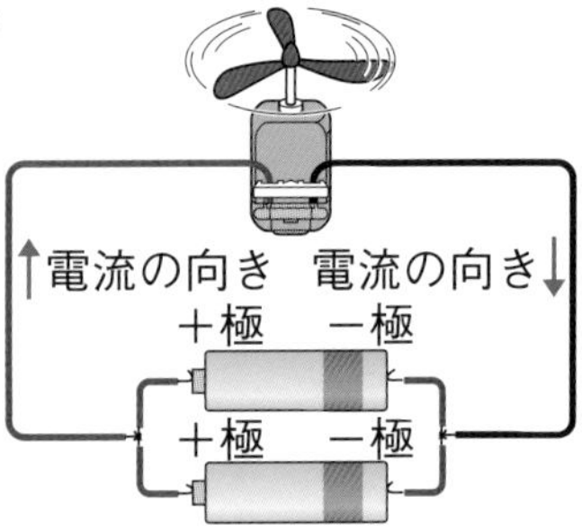
電流の向き
電流の向き
＋極
－極
＋極
－極

●かん電池のつなぎ方と電流の大きさ

実験 ▶ かん電池のつなぎ方と電流の大きさの関係を調べる

●かん電池の直列つなぎとへい列つなぎでは，何がちがうか調べてみよう！

㋐の回路と比べたときの，電流の大きさ，豆電球の明るさを調べる。また，豆電球をモーターに変えたときの，モーターの回転のようすを調べる。

かん電池	1個	2個の直列つなぎ	2個のへい列つなぎ
回路	㋐ 検流計 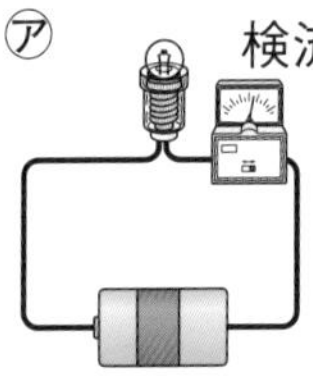	㋑ 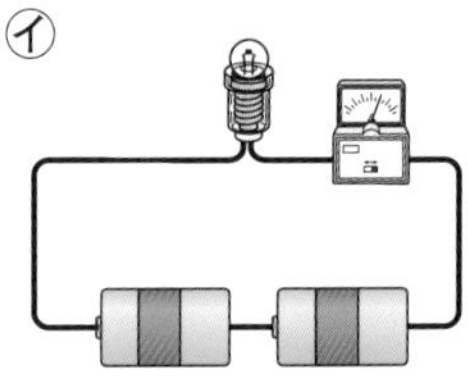	㋒ 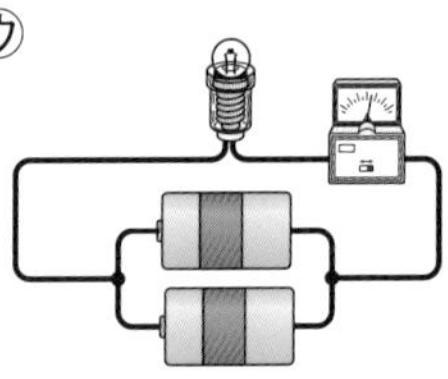
電流の大きさ（検流計がさす目もり）	0.5目もり	1目もり	0.5目もり
豆電球のようす	明かりがついた。	㋐より明るくついた。	㋐と同じ明るさでついた。
モーターのようす	回転した。	㋐より速く回った。	㋐と同じ速さで回った。

★わかったこと　▪かん電池2個を**直列つなぎ**にすると，豆電球やモーターに流れる**電流が大きく**なるため，豆電球は**明るく**，モーターは**速く回る**ようになる。

▪かん電池2個を**へい列つなぎ**にすると，豆電球やモーターに流れる電流の大きさは，かん電池1個のときとほとんど**変わらない**ため，豆電球の明るさもモーターの回る速さも，かん電池1個のときとほぼ**同じになる**。

キーポイント

▶かん電池を直列つなぎにすると，回路に流れる電流が大きくなる。
▶回路に流れる電流が大きくなると，豆電球は明るくなり，モーターは速く回る。

1 図1のように，かん電池，モーター，検流計をつないだ回路を作ったところ，モーターが回りました。あとの問いに答えましょう。

図1

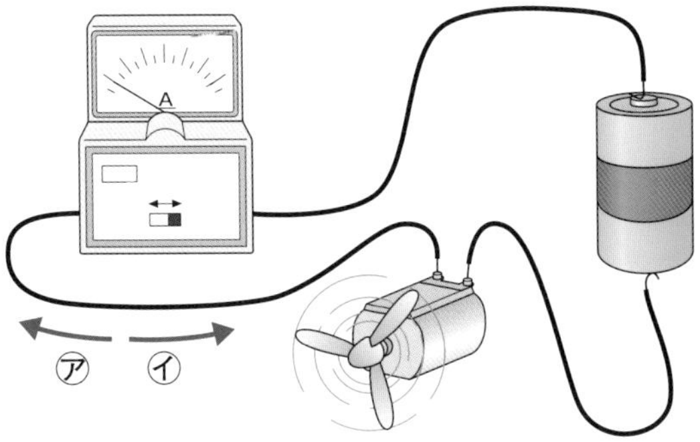

図2

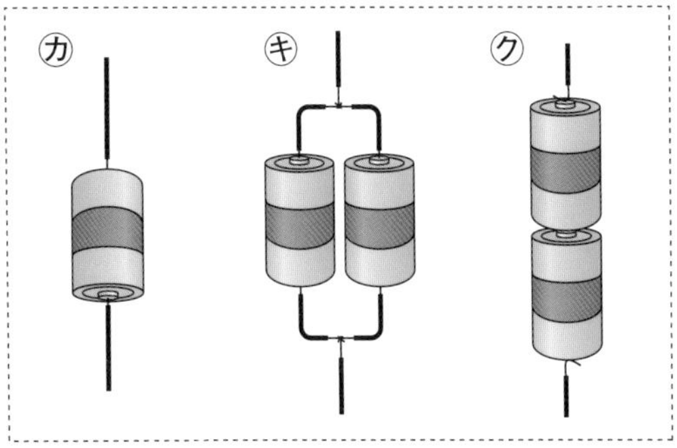

(1)　図１で，電流は㋐と㋑のどちらの向きに流れていますか。　(　　　　)

(2)　図１の回路のかん電池の部分を，図２の㋕～㋗のように変えました。モーターの回転のようすは図１のときに比べてそれぞれどうなりますか。あとの**ア**～**カ**からあてはまるものを，それぞれ２つずつ選びましょう。

㋕にしたとき　(　　　　)
㋖にしたとき　(　　　　)
㋗にしたとき　(　　　　)

ア　図１と同じ向きに回った。　**イ**　図１と反対向きに回った。
ウ　図１と同じ速さで回った。　**エ**　図１よりも速く回った。
オ　図１よりもおそく回った。　**カ**　回らなくなった。

(3)　(2)の答えのようになる理由を正しく説明した文になるように，次の文の①～⑥にあてはまる言葉を書きましょう。

①(　　　　)　②(　　　　)
③(　　　　)　④(　　　　)
⑤(　　　　)　⑥(　　　　)

㋕…図１のときに比べて電流の向きは(　①　)，電流の大きさは(　②　)から。
㋖…図１のときに比べて電流の向きは(　③　)，電流の大きさは(　④　)から。
㋗…図１のときに比べて電流の向きは(　⑤　)，電流の大きさは(　⑥　)から。

25 電流のはたらき②

答え▶28ページ

✦✦✦ ハイ レベル ‥‥‥‥‥‥‥‥ マスター しよう

❶ かん電池2個と豆電球1個を，次の㋐〜㋕のようにつないだ回路を作りました。あとの問いに答えましょう。

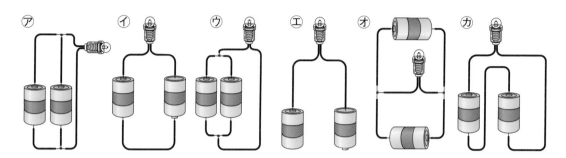

(1) 豆電球が，かん電池1個のときと同じ明るさで光るつなぎ方をすべて選びましょう。　　　　　　　　　　　　　　　　　　（　　　　　　）

(2) 豆電球の明るさが，かん電池1個のときよりも明るいつなぎ方をすべて選びましょう。　　　　　　　　　　　　　　　　　　（　　　　　　）

(3) 明かりがつかない回路をすべて選びましょう。　（　　　　　　）

❷ 下の図の回路について，あとの問いに答えましょう。

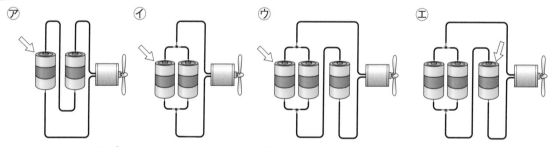

(1) ㋐〜㋒の回路で，モーターの回る速さがほぼ等しくなるものをすべて選びましょう。　　　　　　　　　　　　　　　　（　　　　　　）

(2) ㋐〜㋓の回路で，矢印（ ⇨ ）がついたかん電池をはずすと，モーターの回転はどうなりますか。回り続けるものには○，回転が止まるものには×を，それぞれ書きましょう。　　　　　　㋐（　　　　）　㋑（　　　　）

　　　　　　　　　　　　　　　　　　㋒（　　　　）　㋓（　　　　）

(3) (2)でモーターが回転を続けた回路について，モーターの回る速さはどのように変化しましたか。理由がわかるように説明しましょう。

（　　　　　　　　　　　　　　　　　　　　　　　　　　　　）

③ たいちさんはクイズを出しています。

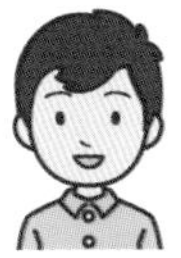
たいち

外からは見えませんが，空き箱の中に，３個のかん電池を導線でつないであります。箱から出ているA～Dのはり金は，箱の中のかん電池とつながっています。図１のような１個の豆電球を使って，箱の中のかん電池のつなぎ方をあててみて下さい。

図１
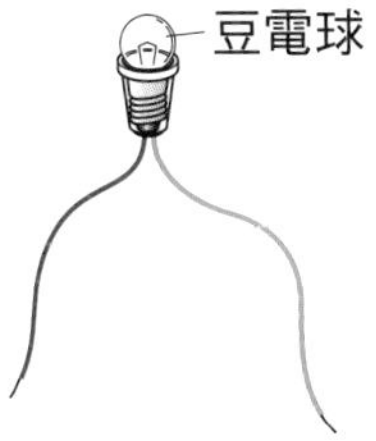

あいこさんは，豆電球を使って箱の中の回路を予想しています。図２は，箱と箱から出ているはり金のようすで，表は，結果の一部です。あとの問いに答えましょう。

図２
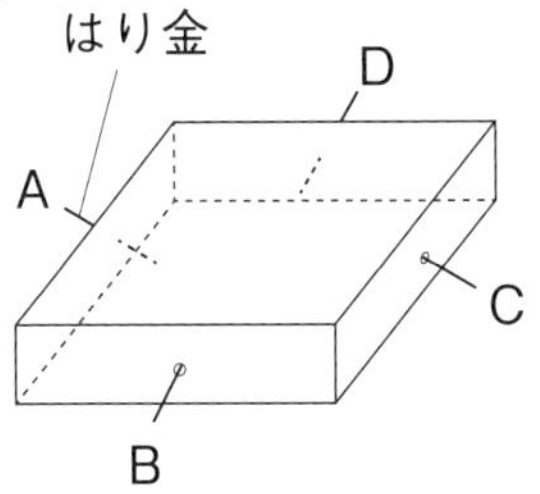

表

豆電球をつないだはり金	AとC	CとD	BとC
豆電球のようす	明かりがついた。	最も明るかった。	最も暗かった。

(1) 表から，明るさは３種類あったことがわかります。このように，豆電球の明るさがちがっていた理由を，「電流」という言葉を使って書きましょう。
(　　　　　　　　　　　　　　　　　　　　)

(2) 箱の中のかん電池のつなぎ方として正しいものを選びましょう。ただし，㋐～㋓は，図２の箱の中を上から見たときのようすを表しています。(　　　)

㋐
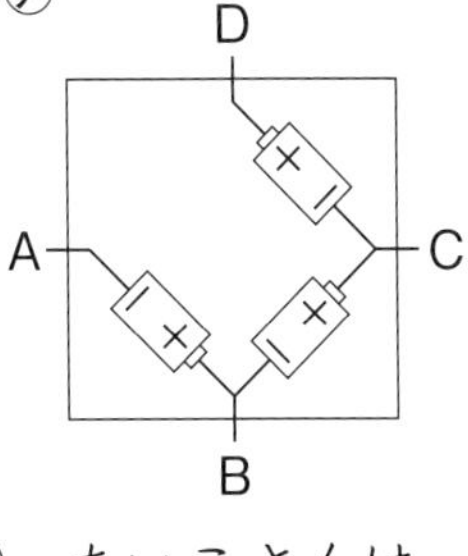

㋑
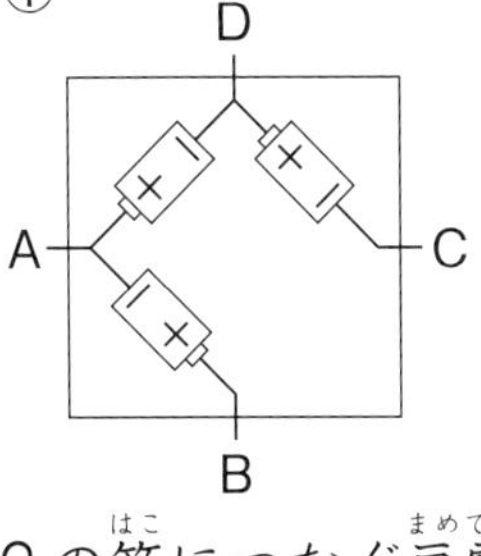

㋒
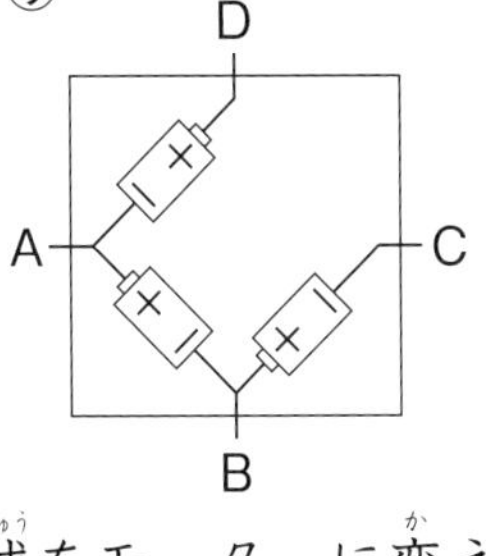

㋓
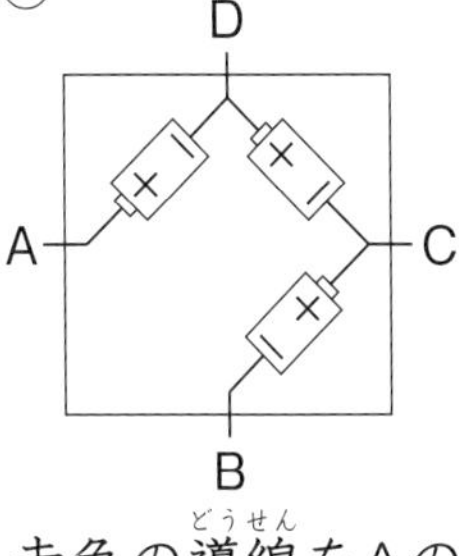

(3) あいこさんは，図２の箱につなぐ豆電球をモーターに変え，赤色の導線をAのはり金，黒色の導線をBのはり金につなぎ，モーターの回転する向きと速さを調べました。このときのモーターの回転する向きと速さが同じになる導線のつなぎ方の説明として，正しいものを，次の**ア～エ**から選びましょう。(　　　)

ア　赤色の導線をB，黒色の導線をCにつないだ。
イ　赤色の導線をC，黒色の導線をAにつないだ。
ウ　赤色の導線をA，黒色の導線をDにつないだ。
エ　赤色の導線をC，黒色の導線をDにつないだ。

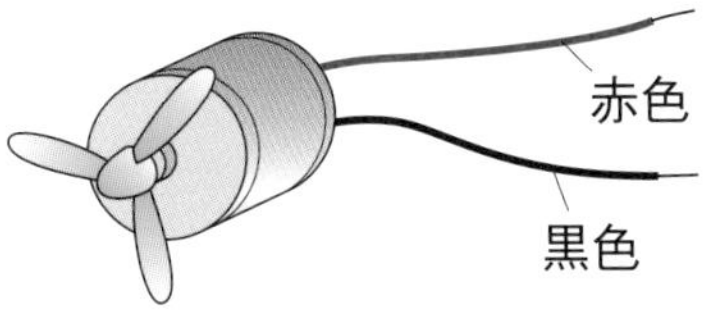

チャレンジテスト

1 科学クラブでは，ダンボールで作った台にモーターをのせ，タイヤ4個とかん電池2個をとりつけて，電気で動く車を作りました。なおさん，ゆうさん，けんさんは，作った車を同時に走らせて，順位を競いました。次の会話を読んで，あとの問いに答えましょう。ただし，図1のつなぎ方のときに車は前に進み，材料は導線の本数以外は同じであったものとします。

図1

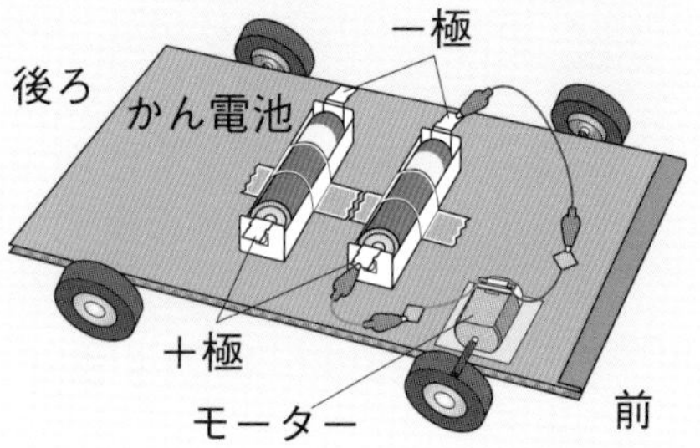

1つ11〔33点〕

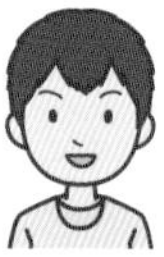

なお：ゆうさんの車は速いなあ！　ぼくは，かん電池を2個使っているのに1位になれなかったよ。

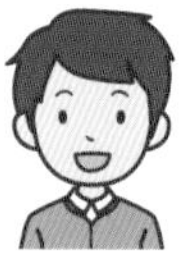

けん：なおさんとぼくの車は同じくらいにゴールしたよね。ぼくは，かん電池，1個しかつないでいなかったんだよ。

(1)　会話文から，なおさんとゆうさんの回路はどのようになっていたと考えられますか。下の図の●を導線でつないで，回路を完成させましょう。

【なおさんの回路】

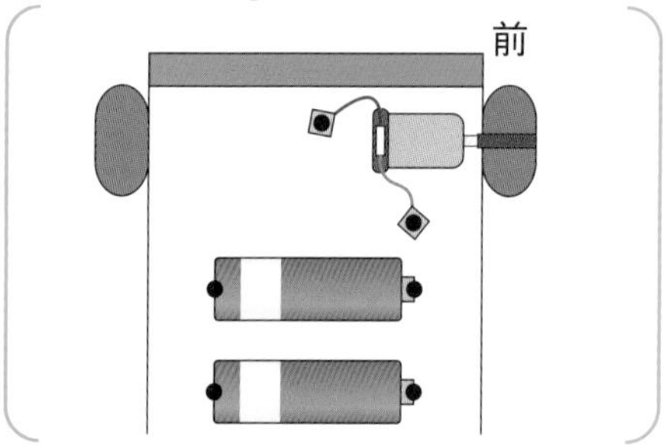

【ゆうさんの回路】

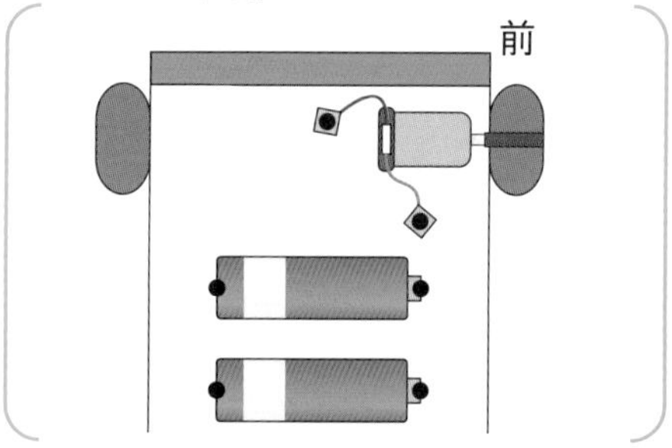

(2)　みおさんは，図2のような回路を作り，次のように説明しています。

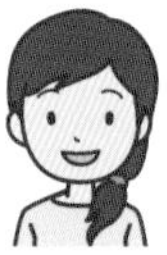

この車は，㋐のクリップがスイッチになっていて，㋐を㋑や㋒につなぎかえて使います。

みおさんが作った車は，どのような動きをする車ですか。㋐を㋑と㋒につないだときのちがいがわかるように書きましょう。

（　　　　　　　　　　　　）

図2

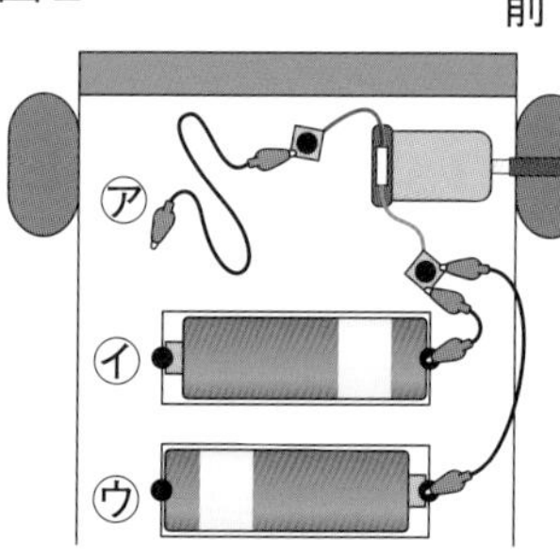

得点　　　　点

2 モーターの回転数が変化するのはなぜかについて，あきとさんは，次のように考えています。この考えを確かめるには，モーターにつなぐかん電池をどのようにして結果を比べるとよいですか。あとのア～ウから２つ選びましょう。

（　　　　）〔12点〕

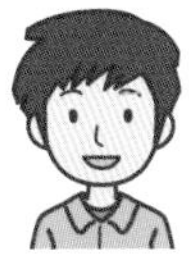

かん電池のつなぎ方を変えれば，モーターの回転数がふえることを確かめられるのではないかな。

あきと

ア

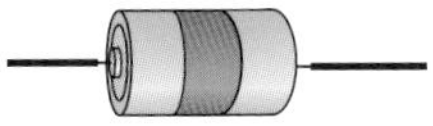

イ

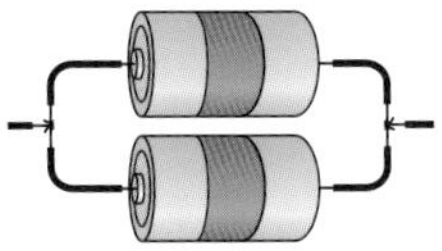

ウ

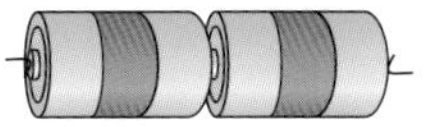

3 同じかん電池を図１のようにつないだものに，図２の豆電球をいろいろにつないで，その明るさを調べました。次の問いに答えましょう。　１つ11〔55点〕

図１

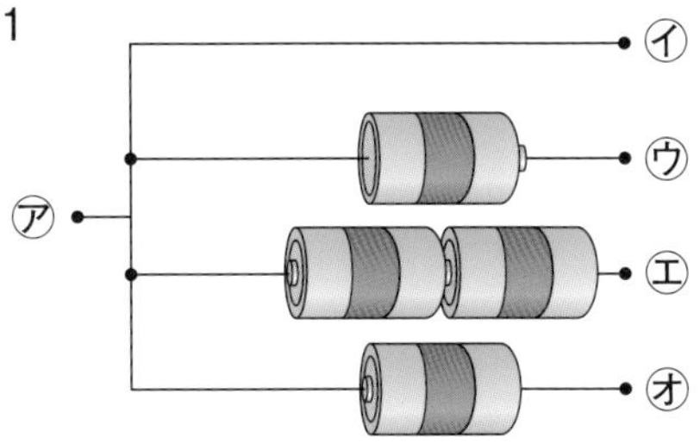

図２

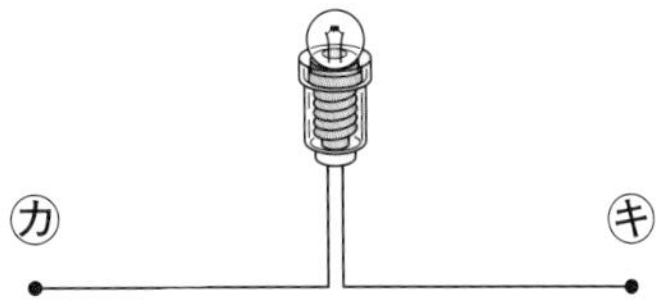

(1)　㋐と㋕をつないだとき，㋖をどこにつなぐと豆電球は最も明るく光りますか。（　　　　）

(2)　㋔と㋕をつないだとき，㋖をどこにつなぐと豆電球は最も明るく光りますか。（　　　　）

(3)　㋓と㋑と㋖，㋐と㋕をつないだときの結果について説明した文として正しいものを，次のア～オから選びましょう。（　　　　）

ア　㋐と㋕，㋒と㋖をつないだときと同じ明るさに光って見える。

イ　㋐と㋕，㋓と㋖をつないだときと同じ明るさに光って見える。

ウ　㋐と㋕，㋔と㋖をつないだときと同じ明るさに光って見える。

エ　㋔と㋕，㋒と㋖をつないだときと同じ明るさに光って見える。

オ　豆電球はつかない。

(4)　最も明るく光るようにするには，㋕，㋖をそれぞれどこにつなぐとよいですか。

㋕（　　　　）　㋖（　　　　）

思考力育成 問題

答え▶29ページ

1 札幌（北海道）に住んでいるかずやさんと，鹿児島（鹿児島県）に住んでいるあやかさんが，インターネットのテレビ電話で話をしています。このときの会話文について，あとの問いに答えましょう。

> あやかさん：3月になって，ずいぶんあたたかくなったね。図1
> 　　　　　　昨日はチョウも見かけたよ。そちらはどう？
> かずやさん：札幌はまだ雪もあるしチョウは見ないよ。
> 　　　　　　どんなチョウだったの？
> あやかさん：名前はわからないけれど，図にするとこん
> 　　　　　　な感じだよ。
> かずやさん：これはモンシロチョウだね。

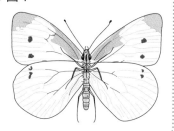

(1) 春になって初めて見られるモンシロチョウの成虫は，冬の間，どのようなすがたで過ごしていましたか。　　　　　　　　　　　　（　　　　　　　　　　）

(2) モンシロチョウのように，(1)で答えたすがたになる育ち方をする動物を，次の　　　　　　　　　　　　　　　　　　　　　（　　　　　　　　　　）
ア〜エからすべて選びましょう。
　ア　トノサマバッタ　　イ　オオカマキリ　　ウ　カブトムシ　　エ　アリ

(3) 図1のモンシロチョウの体のつくりにはまちがいがあります。どのように直せば正しい図になりますか。

（　　　　　　　　　　　　　　　　　　　　　　　　　　　　　　　　）

(4) 札幌と鹿児島のちがいに興味を
もったあやかさんは，札幌，津
（三重県），仙台（宮城県），鹿児
島の1月から8月までのある年の
気温の変化をグラフにまとめまし
た。また，この年，これらの地点
でモンシロチョウの成虫が初めて

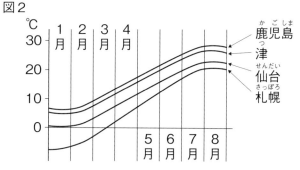

見られた日付を調べたところ，3月10日，3月21日，4月18日，5月16日
のどれかであることがわかりました。これらのことから，仙台でモンシロチョウ
が初めて見られた日付はいつだと考えられますか。　（　　　　　　　　　　）

(5) 図2や(4)の問題文から，春になり，モンシロチョウがさなぎから成虫になるためには，どのような条件が必要であると考えられますか。

（　　　　　　　　　　　　　　　　　　　　　　　　　　　　　　　　）

2 まきさんは，熱気球の体験に来ています。熱気球は，右の図のようなつくりになっており，下が開いた気球の下にバーナーが取りつけられていて，中の空気をあたためることでうき上がるしくみになっています。係員さんは，次のように話しています。

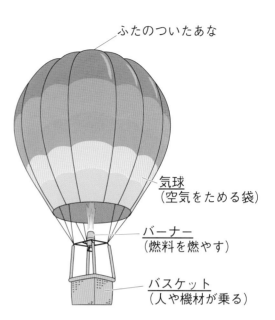

ふたのついたあな

気球
（空気をためる袋）

バーナー
（燃料を燃やす）

バスケット
（人や機材が乗る）

係員

> まわりの空気よりも，気球の中の空気のほうが軽いから，気球がうくんだよ。

次の問いに答えましょう。

(1) 係員さんの言葉の下線部について，お父さんはその理由を次のように説明しました。文が正しくなるように，（　　）にあてはまる言葉を書きましょう。

①（　　　　　　　　　） ②（　　　　　　　　　）

③（　　　　　　　　　）

　バーナーで，気球の中の空気をあたためると，あたたかい空気は気球の中の（ ① ）のほうに集まりながら，体積が（ ② ）ので，気球の中の冷たい空気は気球の下のほうから外へ出ていく。冷たい空気が出ていった後の気球の中の空気全体の重さは，（ ③ ）の分だけ軽くなるため，気球全体がまわりの空気よりも軽くなり，うかぶ。

(2) (1)のお父さんの説明をもとにすると，夏と冬では，どちらのほうが熱気球はうきやすくなりますか。「体積」という言葉を用いて，その理由を書きましょう。

うきやすい季節（　　　　　　　　　）

理由（　　　　　　　　　　　　　　　）

(3) ういた気球を地上におろすときは，どのようなそう作を行うと考えられますか。次のア～エから選びましょう。　　　　　　　　　（　　　）

ア　バーナーの火力を大きくしていく。

イ　気球の上部にあるあなをとじていたふたを開ける。

ウ　気球の下部（バーナーの上）の，気球の口をとじる

エ　バスケットの中に，氷を置く。

3 図1は，たろうさんが12月のある日の午後9時ごろに見た星空のようすをスケッチしたものです。次の問いに答えましょう。

図1

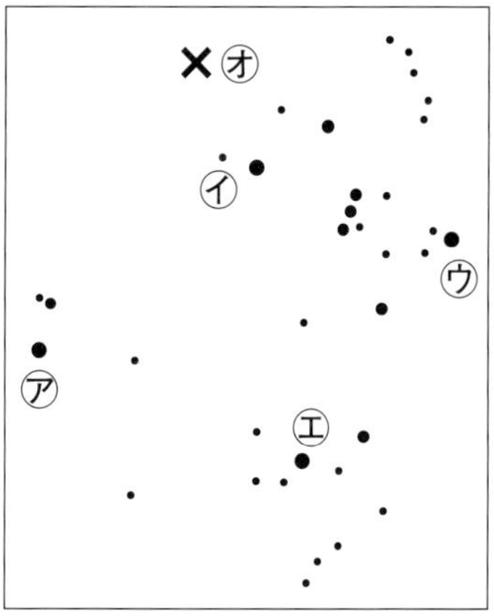

(1) 図1の㋐～㋓はすべて1等星です。このうち，冬の大三角をつくっている1等星をすべて選びましょう。
（　　　　　　　　）

(2) ㋓の星の名前を書きましょう。
（　　　　　　　　）

(3) ㋑の星はこの後，どの方向に向かって動いていきますか。次のア～エから選びましょう。
（　　　　）

ア 左上　**イ** 左下　**ウ** 右上　**エ** 右下

(4) この日，㋔の×の位置に月が見えました。この日の月の形を，次のア～オから選びましょう。
（　　　　）

ア　**イ**　**ウ**　**エ**　**オ**

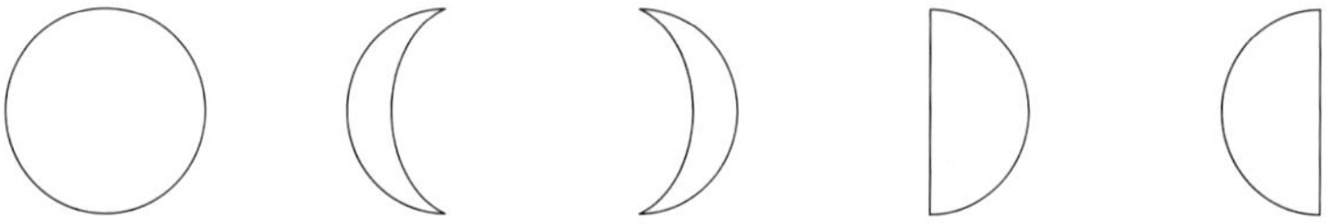

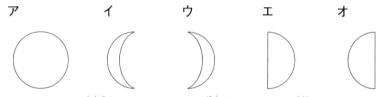

(5) 図2は，観察をしたときの方位じしんを表しています。㋕と㋖の方位をそれぞれ答えましょう。ただし，文字ばんとはりの向きは合わせていません。

㋕（　　　　）　㋖（　　　　）

図2

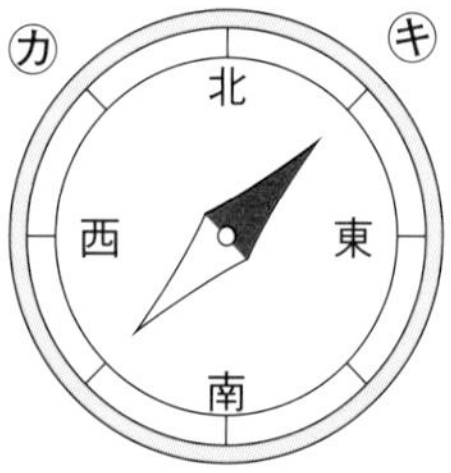

(6) 観察するとき，たろうさんは図3のようにコップにホットミルクを入れて持って行きました。コップのようすを見て，たろうさんは，次のように言いました。

図3

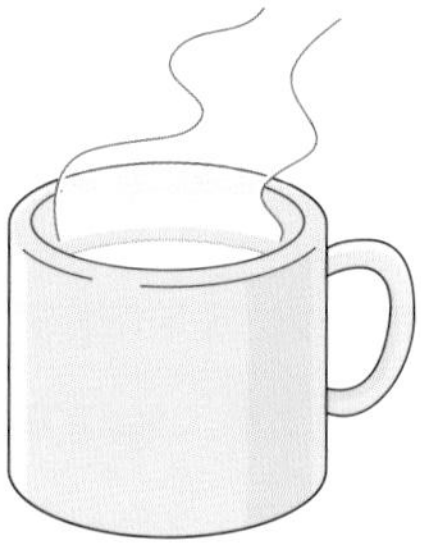

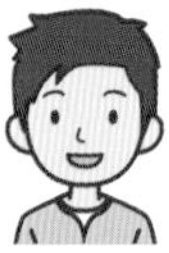

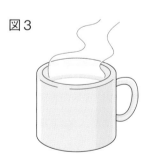

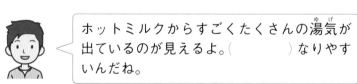

ホットミルクからすごくたくさんの湯気が出ているのが見えるよ。（　　　　）なりやすいんだね。

水じょう気が水てきになりやすくなる理由がわかる文になるように，（　　　）にあてはまる内容を「気温」，「水じょう気」のという言葉を使って書きましょう。

（　　　　　　　　　　　　　　　　　　　　）

しあげのテスト①

※答えは、解答用紙の解答欄に書き入れましょう。

1 次の6種類の動物について、あとの問いに答えましょう。

ア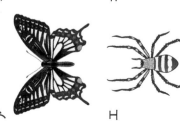

イ

ウ

エ

オ

カ

(1) 次の文の①～④にあてはまる言葉や数を書きましょう。

こん虫の体は、しょっ角のある（ ① ）、あしがつ
いている（ ② ）、（ ③ ）の3つの部分に分かれてい
る。また、あしは（ ④ ）本ある。

(2) ア～カの動物のうち、こん虫をすべて選んで選びましょう。

(3) □の動物と同じ□□□□□□□で、□□□□から選

3 下の図のように、地面にぼうを立てて、太陽の位置とか
げの向きを、午前8時ごろから2時間おきに調べました。
あとの問いに答えましょう。

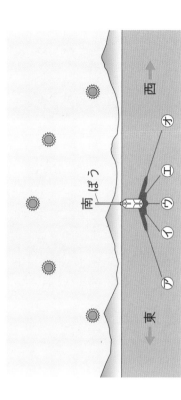

南ぼう

西 →

東 ←

ア イ ウ エ オ

(1) 午前8時ごろのかげをア～オから選びましょう。

(2) 太陽はどのように動きますか。次の①～③にあてはま
る方位を、東、西、南、北から選んで書きましょう。

（ ① ）からのぼり、（ ② ）の高いところを通り、
（ ③ ）にしずむ。

(3) 次のア～ウから正しい文を選びましょう。

ア かげは、太陽と同じ向きにできる。

[5] 図1のように，豆電球をかん電池につなぎました。あとの問いに答えましょう。

図1

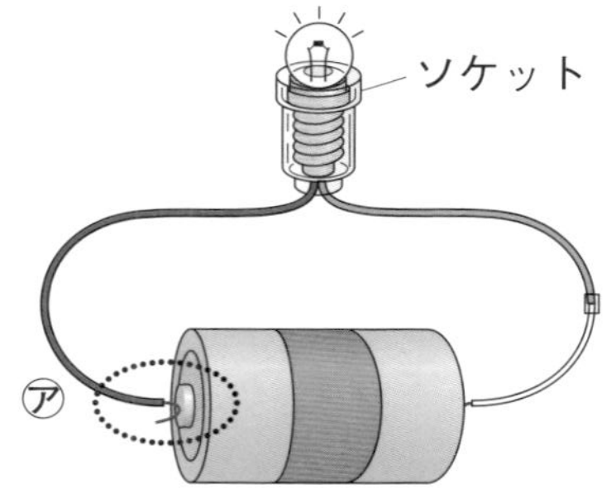

(1) かん電池につなぐ導線の㋐の⬭の部分は，ビニルをむいておきます。この理由を書きましょう。

(2) 豆電球をソケットからはずして豆電球に明かりをつけます。次のア～ウのうち，豆電球に明かりがつくものを選びましょう。

ア　　イ　　ウ

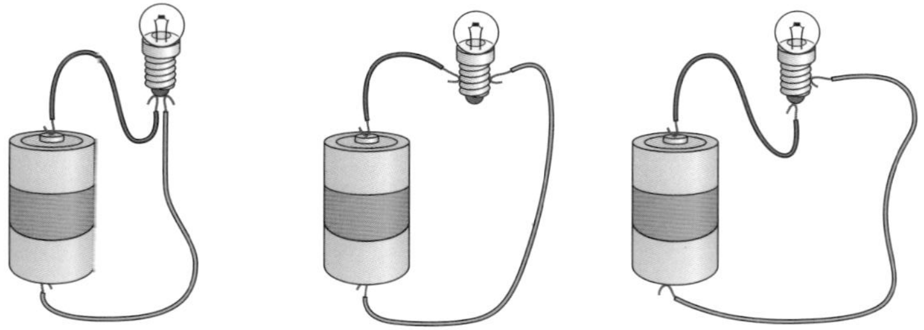

(3) 図2の導線の㋑と㋒の間に，次のア～エのものをそれぞれつなぎ

図2

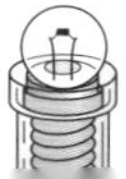

[6] じしゃくを使って実験をしました。次の問いに答えましょう。

(1) 2本のじしゃくを次の①～③のように近づけました。引き合うものには○，しりぞけ合うものには×をつけましょう。

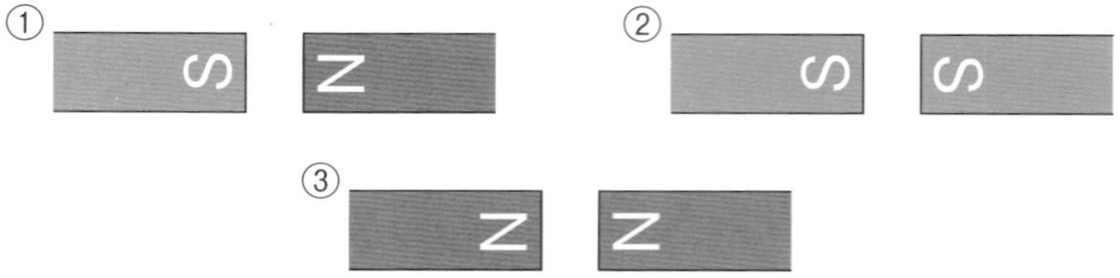

(2) 図1のように，じしゃくに2本の鉄くぎをつけました。

図1

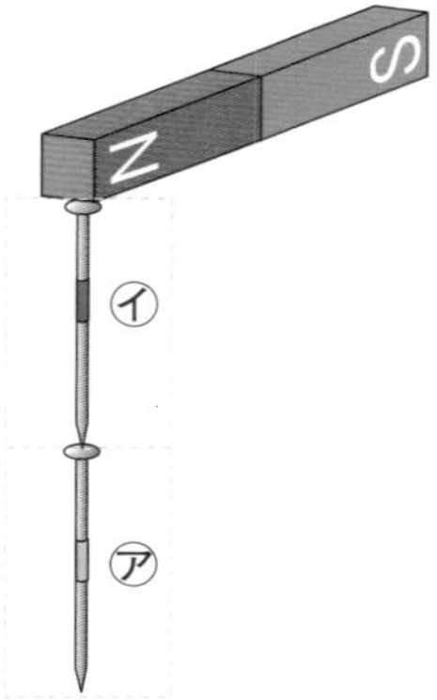

① 図1の㋐の鉄くぎの先に，ほかのじしゃくのN極を近づけると，㋐の鉄くぎの先はどうなりますか。次のア～ウから選びましょう。

ア　変わらない。

イ　引き合う。

ウ　しりぞけ合う。

② ㋑の鉄くぎを取りはずし，方位じしんを近づけました。方位じしんはどのようになりますか。図2の方位じしんのように，図3に方位じしんのはりをかきましょう。

ました。豆電球に明かりがつくものをすべて選びましょう。また、そのように考えた理由を書きましょう。

ア 鉄くぎ　　イ ノート（紙）
ウ プラスチック　エ 10円玉（銅）

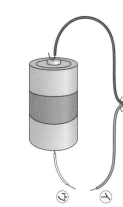

図2

方位じしん

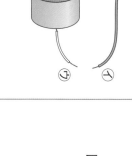

図3

方位じしん

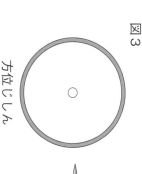
▲マンガンかん電池のつくり

薬品
＋極
炭素棒
一極
（あえん容器）

＋極たんし
封口剤
絶縁筒
外装缶（ジャケット）
一極たんし

もっとサイエンス

◆かん電池

問題：かん電池の中には何が入っているでしょうか？

ゆみ

電気がたくさん入っていると思います。

てる

電気をつくる薬品が入っていると思います。

マンガンかん電池を例にとります。かん電池の中に、あえんでできた容器（あえん容器）があり、その中にいろいろな薬品（二酸化マンガン、塩化あえんなど）が入っています。この容器は、電気を生み出しながら、どんどんとけていきます。だから、使えなくなったかん電池のあえん容器はうすく弱くなっています。そのため、使用済みかん電池は、変形してこわれやすいのです。答え：てるさんが正しい。

電気を生み出す最も大切な部分は「あえん容器」です。この容器は、電気を生み出しながら、どんどんとけていきます。

びましょう。また，育ち方の特ちょうを書きましょう。

2 ホウセンカの育ちについて，あとの問いに答えましょう。

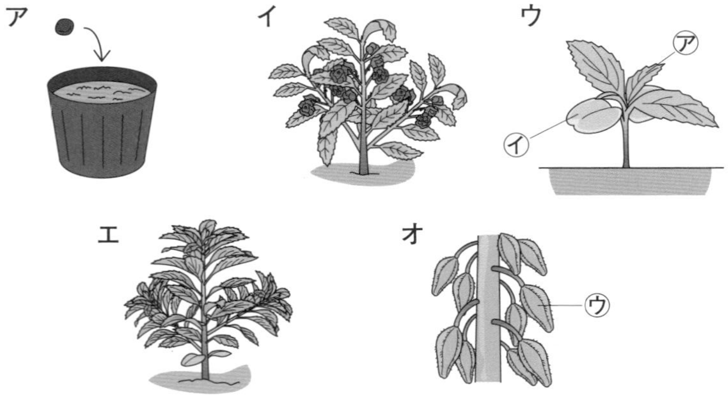

(1) ホウセンカの㋐と㋑のうち，先に出てくるのはどちらですか。また，選んだものの名前も書きましょう。

(2) ㋒を何といいますか。また，この中には何が入っていますか。

(3) **ア**を先頭にして，**イ〜オ**を育つ順にならべましょう。

イ　かげの長さはいつも同じである。

ウ　午前中は，かげの長さがだんだん短くなる。

4 図１のような車㋐〜㋒を図２のスタートの線にならべました。車の後ろには，同じ送風機を置き，それぞれ「弱」，「中」，「強」の強さがちがう風を車にあて，車が止まった位置を図２にまとめました。あとの問いに答えましょう。

図１

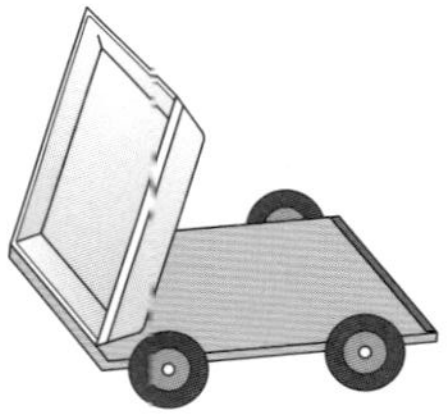

図２

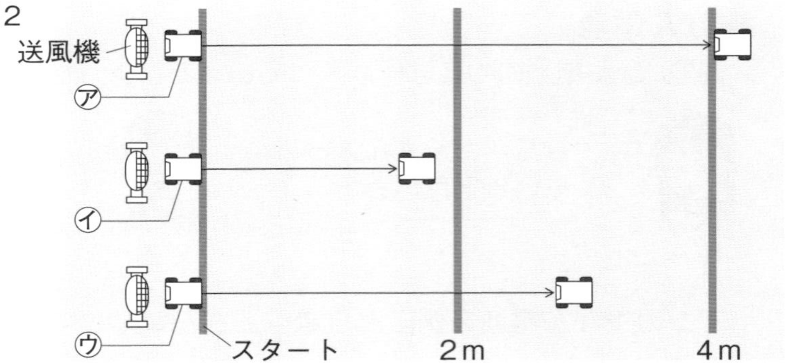

(1) 図２から，最も強い風，最も弱い風をあてたのは，㋐〜㋒のうちのどの車だと考えられますか。

(2) この実験から，風にはどのようなはたらきがあることがわかりますか。

《問題はうらに続きます。》

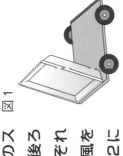

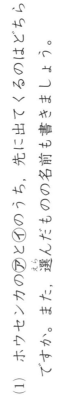

／100

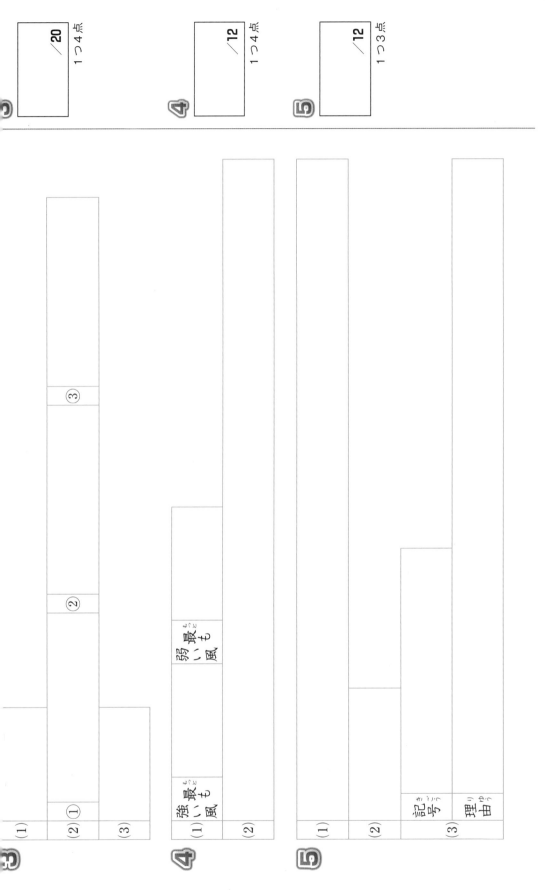

③ /20
1つ4点

④ /12
1つ4点

⑤ /12
1つ3点

③
(1)
(2) ①
② ③
(3)

④
(1) 最も強い風 最も弱い風
(2)

⑤
(1)
(2)
(3) 記号
理由

理科 3・4年 オモテ③

しあげのテスト(1) 解答用紙

※解答用紙の右にある採点欄の□は，丸つけのときに使いましょう。

学習した日　　月　　日

名前

1

(1)	①		②	
	③		④	
(2)				
(3)	記号			
	育ち方の特ちょう			

2

(1)	記号		名前	
(2)	㋒の名前		中に入っているもの	
(3)	ア → 　 → 　 → 　 →			

採点欄

1 　／21 　1つ3点

2 　／15 　1つ3点

6

(1) ①			
	①	②	③
(2)	①		
	②	図3 方位じしん 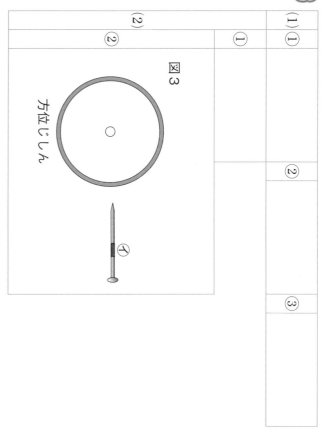	

6　／**20**

１つ４点

しあげのテスト(2)

※答えは，解答用紙の解答欄に書き入れましょう。

時間 30分

答え▶32ページ

満点 100点

1 ㋐～㋓の図は，春，夏，秋，冬に観察したオオカマキリのようすです。あとの問いに答えましょう。

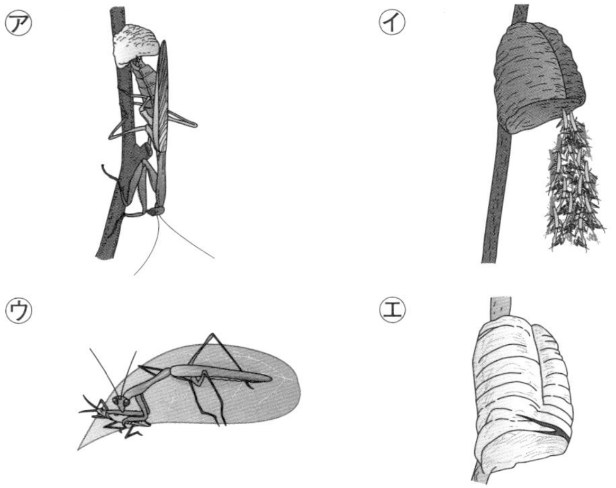

(1) ㋐～㋓を，春，夏，秋，冬の順にならべましょう。

(2) オオカマキリと同じ育ち方をするこん虫を，次のア～エからすべて選びましょう。

ア アゲハ　**イ** ショウリョウバッタ

ウ テントウムシ　**エ** トンボ

(3) 図の㋓の時期に見られる，ほかの生き物のようすとして正しいものを，次のア～エから選びましょう。

3 注しゃ器㋐には水を入れ，注しゃ器㋑には水と空気を入れ，ピストンの高さをそろえた後，それぞれのピストンをおしました。次の問いに答えましょう。

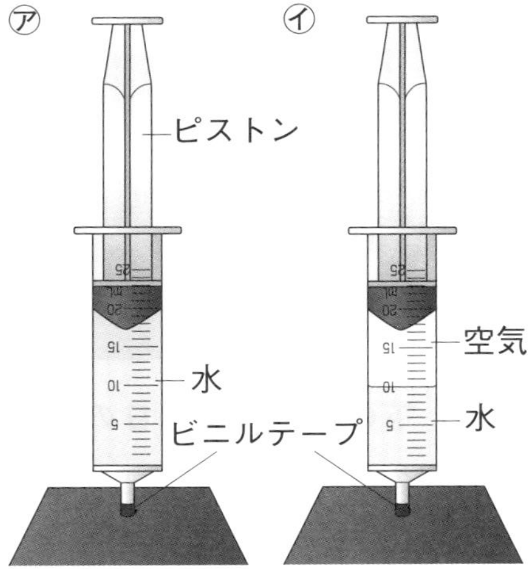

(1) 注しゃ器㋐と㋑のピストンは，どうなりますか。次のア，イからそれぞれ選びましょう。

ア 下がる。

イ 下がらない。

(2) 注しゃ器㋑の変化について説明した次の文の①～③にあてはまる言葉を，下の〔　〕から選びましょう。

水の体積は（ ① ）。空気の体積は（ ② ）。ピストンを強くおすほど，手ごたえは（ ③ ）。

〔 大きくなる　小さくなる　変わらない 〕

《問題はうらに続きます。》

4

図1のように、切りこみを入れた金属板の表面にろうをぬった後、×の部分をうらからアルコールランプで加熱し、ろうのとけるようすを調べました。次の問いに答えましょう。

図1　金属板

(1) 金属板の×の部分を加熱したときのろうのとけていくようすを、矢印で表すとどのようになりますか。次のア〜ウから選びましょう。

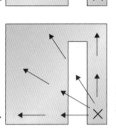

ア　　　　　イ　　　　　ウ
こちらのろうはとけない。

(2) 金属は、加熱すると体積が変化します。金属のびんのふたをしたガラスのびんのふたが開かなくなったとき、図2のようにふたを湯につけると開くことがあります。この理由を書きましょう。

図2

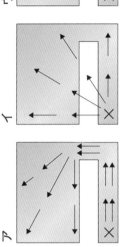

ア　ヒキガエルが土の中でじっとしている。

イ　ツバメが巣を作っている。

ウ　サクラの葉がしげっている。

エ　ヘチマのくきが大きくのびている。

2

図は、晴れの日とくもりの日の、午前9時から午後3時までの気温の変化をグラフにまとめたものです。あとの問いに答えましょう。

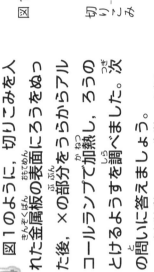

㋐

㋑

(1) 晴れとくもりは、何のちがいで決まりますか。

(2) くもりの日のグラフは㋐と㋑のどちらですか。また、そのように考えた理由を書きましょう。

(3) 晴れの日に最も気温が高くなったときの時こくを、グラフから読み取りましょう。

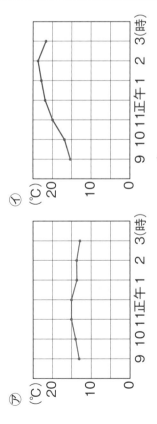

とく てん
得点

／100

(1)	㋐		㋑
(2)			
(3)	①		②
(4)	①	②	③

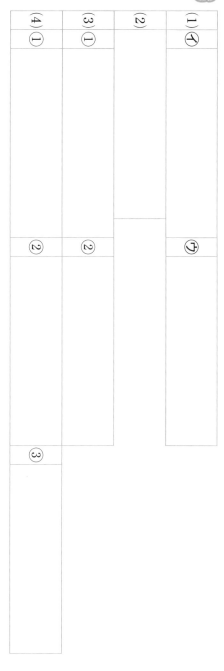

/32
1つ4点

トクとトクイになる！

小学ハイレベルワーク

理科 3・4年

答えと考え方

「答えと考え方」は，
とりはずすことが
できます。

1 自然観察，植物の育ち方①

標準レベル＋　4〜5ページ

[1] (1)虫めがね　(2)太陽
(3)ヒマワリ

[2] (1)ア，エ　(2)ウ

[3] (1)たね…㋑　芽…㋕　(2)子葉

考え方

[1] (2)　虫めがねで太陽を見ると，強い光で目をいためるおそれがある。

(3)　白と黒のしまもようがあるのは，ヒマワリのたねの特ちょうである。

[2] (1)　生き物の観察カードを作るとき，日付を書いておくと，観察カードが何まいかたまったときに，成長のようすなどをあとでたしかめることができる。観察した本人の名前は必ず書くようにする。

(2)　生き物の観察をするときは，色，形，大きさについて細かく観察する。

[3] (1)　ホウセンカのたねは，2mmぐらいの大きさで，こげ茶色をしており，丸い形である。㋐はヒマワリ，㋒がピーマンのたねである。植物の種類によって，たねのようすの他，子葉の形もちがう。㋓はピーマンの子葉，㋔はアサガオの子葉である。

(2)　たねをまくと，芽が出てくる。このとき，初めて出る葉を子葉という。

ハイレベル＋＋　6〜7ページ

❶ (1)①と③に○
(2)②に○
(3)①と②に○
(4)名前…こうたさん
理由…葉のつき方（形や大きさ）がちがっているから。

❷ (1)番号…<まき方2>
理由…たねが大きいから。
(2)②に○
(3)子葉

考え方

❶ (1)　観察した後の動物は，もとの場所にもどす。

(2)　手に持った物を虫めがねで観察するときは，虫めがねを目の近くに持ち，花を前後させて見やすい位置をさがす。

(3)　色，形，大きさを書く。そのほか，見つけた場所も記録しておくとよい。思ったことやぎもんを書いてもよい。

(4)　花の色や大きさ，葉がぎざぎざしているのは同じだが，2つの植物の葉のつき方がちがっている。だから，ちがう植物だと考えられる。

❷ (1)　<まき方1>は，ホウセンカやピーマンなど，小さなたねをまくときの方法である。1cmぐらいの大きなたねは，<まき方2>がよい。また，ホウセンカは，光がないと芽が出ないという特ちょうがある。

(3)　たねをまいた後，葉が出てくるが，その中でも初めに出てくる葉を，子葉という。

2 植物の育ち方②

標準レベル＋　8〜9ページ

[1] (1)㋐葉　㋑くき　㋒子葉　㋓根
(2)㋒　(3)㋓
(4)①太く　②高く　③ふえて　④花がさく

[2] (1)(㋐→)㋑→㋓→㋒
(2)イ　(3)③に○

考え方

[1] (1)(2)　いちばんはじめに出てくる葉を子葉という。子葉が出た後に出てくる葉は，すべて子葉とちがう形をしている。

[2] (1)　ヒマワリの子葉は2まいである。その後，葉をふやしながら大きくなり，やがて花をさかせる。花はしばらくするとかれてしまうが，かれた花のところには，たねができている。

(2)　1個のたねから育ったなえには，たくさんの新しいたねができる。

(3)　①子葉と葉の形はちがう。②くきがのびてから花がさき，その後かれる。④つぼみがふくらん

でくると，花がさく。

ハイレベル＋＋　10〜11ページ

❶ (1)㋐花　㋑葉　㋒くき　㋓根

(2)①ちがう　②葉　③ふえて

(3)記号…㋐

理由…実は，花がさいたところにできるから。

❷ (1)ニンジン…ア　トマト…エ

ジャガイモ…イ　サツマイモ…ア

ブロッコリー…オ

(2)　それぞれの野菜が，地下にできるか，地上にできるかでわけている。

❸ (1)㋐葉　㋑くき　㋒くき

(2)記号…イ　理由…大きく育つほど，葉の数がふえるため，葉が出てくるくきも大きくなるから。

(3)①実　②たね　③子葉

考え方

❶ (2)　子葉と葉は形がちがう。はじめに子葉が出て，その後，葉が出る。植物の高さをはかるときは，地面からいちばん上の葉のつけ根までの長さをはかるようにする。

(3)　くきにつぼみがつく。つぼみが大きくなってくると花がさく。花がさき，かれて落ちた後，その部分には実ができている。

❷ (1)　トマトは花がさいた後の部分にできる実である。ニンジンとサツマイモは，地下にできる根である。ジャガイモは地下にできるが，くきの一部であることを覚えておこう。また，ブロッコリーは緑色をしているが，そのまま放置すると黄色い花がさくことから，ブロッコリーの食べているところは，つぼみ（の集まり）である。

(2)　ジャガイモはくきの一部であるが，地下にあるくきである。ニンジンとサツマイモは根である。よって，これらは地中にある。トマトは花がさいた後にできる実，ブロッコリーはつぼみなので，地上にできる部分である。

❸ (1)　図1から，㋐の葉は，すべて㋑の部分から出ていることがわかる。また，切り口には根がついており，おじいさんの発言に「くきには根と葉，つぼみがつく」とあることから，㋑の部分はくきである。また，図2から，㋒の部分の先にはつぼみがついている。このことから，㋒はくきである。

(2)　葉はくきから出るため，葉をふやすためには，くきをのばす必要がある。よって，キャベツ全体が成長すると，葉もその分ふえているので，くき（㋑）も成長していると考えられる。

(3)　たねをまくと，芽が出て，くきがのびて葉がふえ，成長する。ある大きさまで成長すると，キャベツはつぼみをつけるようになり，花をさかせる。花がさいた後，その部分には実ができている。実の中にはたねがたくさんできている。

3 チョウの育ち方

標準レベル＋　12〜13ページ

[1] (1)ア

(2)㋐たまご　㋑成虫　㋒よう虫　㋓さなぎ

(3)（㋐→）㋒→㋓→㋑

(4)㋑花のみつ　㋒（キャベツなどの）葉

(5)㋐，㋓

[2] (1)①頭　②むね　③はら　④6

(2)あし…㋑　はね…㋑

考え方

[1] (1)　モンシロチョウのたまごの長さは1mmぐらいである。キャベツなどの葉のうらに産みつけられていることが多い。

(2)　㋐モンシロチョウのたまごは，トウモロコシのような形をしている。㋑大きなはねがあるので成虫である。㋒キャベツの葉を食べて育っているのでよう虫である。㋓何も食べず移動しない，さなぎのようすである。

(3)　モンシロチョウは，たまご→よう虫→さなぎ→成虫の順に育つ。

(5)　たまごとさなぎのときは，何も食べないが，生きている。

[2] (1)　モンシロチョウは，体が3つの部分に分かれている。目やしょっ角がある頭，あしやはねがついているむね，節があるはらである。あしは，

6本ある。

(2) モンシロチョウの6本のあしと4まいのはねは，すべてむねの部分についている。

ハイレベル++　14～15ページ

❶ (1)ふた（など）にあなを数か所あけておく。

(2)モンシロチョウ

(3)たまごのから

(4)②に○

❷ (1)㋐ア　㋑イ　㋒ア

(2)花のみつをすって食べる。

(3)①△　②×　③○　④◎

❸ (1)記号…㋑　すがたの名前…さなぎ

(2)むねについているあしを，あと2本ふやして全部で6本にする。

考え方

❶ (1) ふたなどに数か所あなをあけて，新しい空気が通りやすくなるようにしておく。

(2) モンシロチョウのよう虫は，キャベツの葉を好んで食べるため，モンシロチョウの成虫は，たまごをキャベツの葉に産みつけることが多い。他にもダイコンやアブラナの葉などに産みつける。アゲハはミカンやサンショウの葉にたまごを産みつける。

(3) よう虫はたまごからかえると，最初にたまごのからを食べる。

(4) よう虫にふれないように，よう虫がいる葉の部分を，そのまま新しい葉にのせておく。

❷ (1) 頭には，目やしょっ角，口がある。むねには6本のあしやはねがある。

(2) チョウの成虫は，ストローのような口をのばし，花のみつをすう。

(3) ②よう虫がさなぎになり，さなぎから成虫が出てくる。④モンシロチョウとアゲハの成虫は，ともに花のみつを食べる。一方，どちらのよう虫も，植物の葉を食べる。

❸ (1) ㋐はたまご，㋑はさなぎ，㋒はよう虫のスケッチである。よう虫は，しばらくたつとさなぎになる。さなぎになっているときは，何も食べない。

(2) モンシロチョウはこん虫である。こん虫には共通した体のつくりがあり，「体が頭・むね・はらの3つに分かれている」こと，「むねに6本のあしがついている」ことの2つがあてはまる。

4 こん虫とこん虫ではない虫

標準レベル+　16～17ページ

[1] (1)㋐頭　㋑むね　㋒はら

(2)しょっ角　(3)①6　②㋑

(4)こん虫　(5)ア，イ，エ

[2]

	はねの数	あしの数	こん虫に○
カ	2 まい	6 本	○
クモ	0 まい	8 本	
アゲハ	4 まい	6 本	○
アリ	0 まい	6 本	○

考え方

[1] (1) しょっ角，目，口がある部分が頭，あしやはねがついている部分がむね，節がある部分がはらである。図はトノサマバッタでこん虫である。

(2) 頭には，温度や音，においなどを感じ取ると考えられているしょっ角がついている。

(3) バッタのようなこん虫には，6本のあしがある。あしはむねについている。

(4) こん虫の成虫は，体が頭，むね，はらの3つに分かれ，むねにあしが6本ついているという共通の体のつくりが見られる。

(5) こん虫を選ぶ。ミミズはあしがなく，ダンゴムシやムカデはあしが6本よりも多いため，こん虫ではない。

[2] こん虫は，体が頭，むね，はらの3つに分かれており，むねにあしが6本ついているという共通の特ちょうがある。はねの数は，こん虫に共通の特ちょうではない。

ハイレベル++　18〜19ページ

❶ (1)㋑，㋒
(2)・体が2つに分かれているから。
・あしが8本あるから。(順不同)
(3)　はねの数でこん虫かどうかは決まらないから，正しくない。

❷ (1)
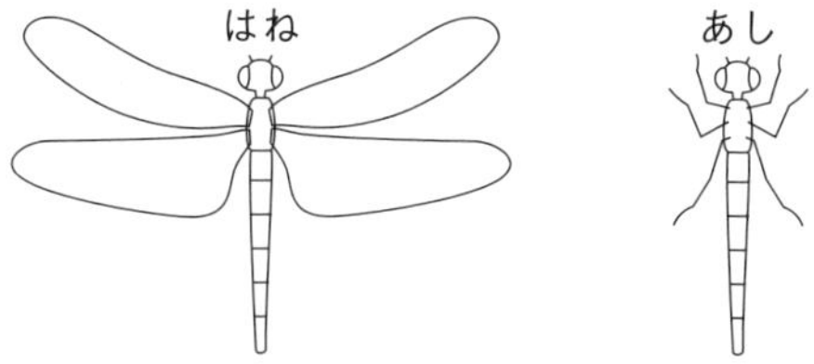

(2)①△　②×　③○　④○　⑤×

❸ (1)①あしが6本　②体が3つに分かれて（文に合っていれば，順不同可。）
(2)㋐，㋑，㋕
(3)はねがついているかいないかがちがう。

考え方

❶ (1)　こん虫は，体が頭，むね，はらの3つに分かれており，あしがむねに6本ついている。はねの数はさまざまで，ふつうのアリははねがない。カやハエははねが2まい，チョウやトンボははねが4まいである。
(2)　クモはこん虫とちがい，体が頭・むねとはらの2つに分かれている。また，あしの数がこん虫よりも多く，8本である。
(3)　はねの数は，こん虫であるかどうかには関係しない。アリははねがなく，カやハエははねが2まいである。

❷ (1)　トンボははねが4まいあるが，こん虫のはねは，すべてむねについている。また，トンボはこん虫なので，あしが6本あるが，これもむねについている。
(2)　①こん虫の種類によって，はねの数はそれぞれちがう。チョウやカブトムシ，バッタは4まいのはねをもつが，カやハエははねが2まいである。また，アリのようにはねをもたないこん虫もいる。

❸ (1)　さとるさんのスケッチから，この生き物は，あしが8本あり，体が頭，むね，はらの3つに分かれていないことがわかる。これは，こん虫の特ちょうにあてはまらないので，さとるさんがスケッチした生き物は，アリではない。
(2)　こん虫は，あしが6本むねにあり，体は頭，むね，はらの3つに分かれている。

5 こん虫の育ち方，食べ物とすみか

標準レベル+　20〜21ページ

1 (1)㋐たまご　㋑成虫
㋒よう虫　よび方…やご
(2)(㋐→)㋒→㋑　(3)㋑イ　㋒イ
(4)こん虫　(5)ア

2

虫の名前	食べ物	見つけやすい場所
モンシロチョウ	エ	ケ
バッタ	①　ア	②　キ
カブトムシ	③　ウ	④　カ
カマキリ	⑤　イ	⑥　キ
ダンゴムシ	⑦　オ	⑧　ク

考え方

1 (1)　㋒は，トンボのよう虫でやごという。やごは，水中で生活し，水中の動物を食べている。やごは，成虫とはまったくちがう形をしている。
(2)　たまご→よう虫→成虫の順に育つ。
(3)　トンボは，よう虫も成虫も，他の虫を食べる。
(5)　トンボは虫を食べているので，虫が多いところであればよく見かけることができるが，特に川にはたまごを産むためにも集まるので，多くのトンボを見ることができる。

2 動物をさがすとき，その動物の食べ物が多くある場所をさがすと見つけやすい。モンシロチョウは，花がさいているところであればよく見かける。バッタは葉を食べるために草むらでくらしている。一方，カマキリはバッタなどの小さなこん虫を食べるために，草むらで生活している。

1 (1)①イ　②ア　③オ　④ウ（②，③は順不同）

(2)たまごを産む（産卵する）ために飛んできた
ため。

2 (1)ア　　(2)水の中で生活する

(3)よう虫から成虫に変化するときに，水中から
陸上へ出てくるから。

3 (1)こん虫

(2)アさなぎになるか，ならないか

①他の虫を食べるか，食べないか

(3)4，6

考え方

1 (1)　ショウリョウバッタやカマキリは，緑色を
していることから，草むらに多く見られると予想
できる。ダンゴムシは，石の下など，日光があた
らずじめじめしたところで見つけやすい。

(2)　虫は，食べ物が多くあるところに集まりやす
い。また，たまごを産む場所をさがしても，よく
見つけることができる。

2 (1)　バッタの食べ物は植物で，陸上でくらして
いるので，アが正しい。

(2)　バッタはよう虫も成虫も陸上でくらしている
が，トンボはよう虫のときは水の中，成虫になる
と陸上でくらしている。

(3)　よう虫は水中でくらし，成虫は陸上でくらす
ため，よう虫が最後の皮をぬぐとき，水中から出
て陸上で皮をぬぐ。このとき，水中から陸上へ
伝ってのぼることができる木のぼうなどを入れて
おくとよい。

3 (1)　グループ2は，こん虫ではないという共通
点がある。

(2)　こん虫をさらに細かく分けるには，育ち方の
ちがい，食べ物のちがいなどがあげられる。

(3)　テントウムシは，チョウと同じように，たま
ご→よう虫→さなぎ→成虫の順に成長する。ま
た，テントウムシはアブラムシを食べる。

1 (1)あの名前…子葉　記号…う

(2)（カ→）ク→キ→ケ

(3)たね

(4)1番目の植物名…アサガオ　たね…エ

3番目の植物名…ホウセンカ　たね…ア

2 (1)ショウリョウバッタ…ク→イ→カ

モンシロチョウ…キ→オ→ウ→エ→ア

(2)ウ　　(3)イ

(4)カブトムシの食べ物が草むらにないから。

考え方

1 (1)　あは子葉である。いとうでは，いは葉で，
うが子葉である。子葉と葉を比べると，子葉のほ
うが先に出てくる。また，子葉と葉では，形がち
がう。

(2)　ホウセンカは，育つとともにくきがのびる。
葉はくきについているため，くきがのびると葉も
どんどんつき始める。なえが大きくなると，やが
てくきにつぼみがつき，花がさく。花がさいた
後には実ができる。その後，かれる。

(4)　図2から，1番目に芽が出た植物はアサガ
オ，図4から，3番目に芽が出た植物はホウセン
カ，図5から，最後に芽が出た植物はヒマワリで
あることがわかるので，2番目に芽が出た植物は
マリーゴールドであることがわかる。アサガオの
たねは三角のような形をしており，5mmぐらい
の大きさである。ホウセンカのたねはこげ茶色の
小さなつぶで，2mmぐらいの大きさである。

2 (1)　ショウリョウバッタやカマキリは，さなぎ
にならないので，よう虫が大きくなり，成虫にな
る。モンシロチョウは，よう虫が大きくなるとさ
なぎになり，さなぎから成虫へと変化する。

(2)(3)　ショウリョウバッタは草を食べるので草む
らにすんでいる。カマキリは他のこん虫を食べる
ので，こん虫がたくさんいる草むらにすんでい
る。草むらには，植物を食べるこん虫の他，こん
虫を食べるこん虫も多くすんでいる。

(4)　虫がいるところには，その虫の食べ物が多く
ある。カブトムシの食べ物は木のしるである。草
むらに木はないので，カブトムシは見つけにくい

と考えられる。

2章 光

6 太陽とかげ

標準レベル＋ 26～27ページ

1 (1)㋐　(2)[い]　(3)短くなっている。

(4)イ　(5)北

(6)①東　②南　③西

2 (1)方位じしん　(2)㋕東　㋖西

(3)夕方

考え方

1 (1)　太陽の位置とかげのできる方向は，逆になる。

(2)　太陽は東からのぼり，正午ごろには南の空に高く上がる。太陽の動きとかげの動きは反対の向きになるので，太陽が東から南へ向かって動くにつれて，かげは西から北へ向かって動く。

(3)　かげの長さは，太陽の高さによって変化する。太陽の高さが高くなるほど，かげの長さは短くなる。

(4)　1日のうちで，太陽が南にくるとき，太陽の高さは最も高く，時こくは正午ごろである。

(5)　正午ごろは太陽が南にある。かげは太陽の反対側にできるので，北にできる。

(6)　太陽は，東からのぼり，正午ごろ南の空の高いところを通って，夕方西にしずむ。

2 (2)　北を向いたとき，右手側が東になる。東の反対は西である。

(3)　かげが北東にのびているので，太陽はその反対側の南西にある。太陽が南西にあるのは，夕方のころである。

ハイレベル＋＋ 28～29ページ

1 (1)ウ　(2)㋐

(3)反対になっている。

(4)午後4時

2 (1)①南　②北　③22

(2)太陽の光が②（北）側よりも多くあたるから。

3 (1)方位…南　理由…正午ごろのかげは北にできており，㋐はその反対側だから。

(2)㋑午前11時　㋒午後2時

(3)①イ　②ウ　(4)太陽が動いているから。

(5)②，④，⑤に○

考え方

1 (1)　正午の太陽を観察しているので，太陽の方向が南である。太陽は，東からのぼり，南を通って西にしずむことから，図の後，太陽は西へ向かい建物の向こうへかくれていく。

(2)(3)　太陽の動く向きと，かげが動く向きは反対になる。太陽が南から西へ動くとき，かげは北から東へ動く。

(4)　正午から夕方にかけて，太陽の高さはしだいに低くなるので，かげはしだいに長くなる。

2 (1)　建物の北側は，日光が多くあたらないために，地面の温度は低く，しめっている。午前9時の地面の温度を見ると（　①　）側のほうが温度が高いので，（　①　）側が南側，（　②　）側が北側である。よって，午前11時の（　③　）の温度は，30℃よりも低く，午前9時の温度（18℃）よりも高い22℃である。

(2)　日光があたると，温度が高くなる。地面をあたためているのは，日光である。

3 (1)　正午のかげは日時計の北側にのびる。よって，その反対側である㋐は南である。

(2)　㋑は正午よりも1目もり西側にあるので，正午よりも太陽が1時間分東にあるときに，㋑の方向にかげがのびる。よって，午前11時である。㋒は正午よりも東に2目もりずれているので，太陽の位置は，南よりも西に2時間分動いた位置にある。よって，午後2時となる。

(3)　正午のころの太陽は，1日の中で最も高いところにある。太陽の高さが高くなるほど，かげの長さは短くなる。

(4)　太陽が動いているため，かげも動く。

(5)　太陽が雲でさえぎられている場合は，かげができないので日時計は使えない。また，夜も太陽が出ていないのでかげができない。そのため，日時計は使えない。

7 光の性質

標準レベル+　　　30〜31ページ

1　(1)3まい　　(2)①オ，カ　②オ，カ
　　(3)エ　　(4)①はね返した日光（光）②多い
2　(1)エ　　(2)ウ→ア→イ　　(3)ウ

考え方

1　(1) 同じ形の鏡を使っていることから，3まいの長方形の鏡からはね返した日光であると考えられる。
(2) ①②同じ明るさ，同じ温度の部分は，重なっている日光の数が同じである。
(3) 温度が最も高い部分は，より多くの日光を重ねているところなので，エとなる。
(4) 明るさや温度は，重なる日光の数により変化する。

2　(1) 虫めがねの光で紙をこがすためには，こい色の色紙を使う。こい色の色紙は，光によってあたたまりやすい性質がある。
(2) 日光が集まっている部分の大きさが小さくなるほど，明るく白く，あたたかくなる。
(3) 日光が集まっている部分の大きさをできるだけ小さくすると，温度が上がりやすくなり，より早く紙をこがすことができる。

ハイレベル++　　　32〜33ページ

1　(1)33℃　　(2)①ウ　②ア　③イ
2　(1)虫めがね　(2)こい色（黒い色）のもの
　　(3)①ケ　②ク　③キ　④カ
3　(1)同じ
　　(2)布の色がこいので，温度が上がりやすかったから。
　　(3)①日光　②通りぬけて　③はね返して

ホッとひといき ウ

考え方

1　(1) 温度計を読むときは，温度計の液の先が近い目もりを読むようにする。1目もりは1℃なので，①は31℃，②は28℃，③は33℃となる。
(2) 鏡ではね返した日光が重なっている数が多く

なるほど，温度が高くなる。そのため，3まいの鏡ではね返した日光が重なっている①の温度が最も高く，日光が1まいだけのアの部分が，最も温度が低い。

2　(2) こい色の紙などを用いると，紙がこげ始めるまでに，あまり時間がかからない。
(3) 図2の④で，最も早くこげ始めたことから，日光を最も小さい部分に集めたことがわかる。よって，図2の④は図3のカである。図2の①〜③は，④よりも虫めがねと紙が近くなっている。虫めがねと紙が近いほど，日光が集まる部分が大きな円になる。

3　(1) さくらさんの考えが正しかったことから，この結果は，実験を正しく行って得られた結果であることがわかる。そのため，コップをまいてあるもの以外は，すべて同じ条件で実験をしなければならない。よって，水の量はすべて同じにして実験している。
(2) 実験の結果がちがったことから，このようになった原因は，コップをまいているもののちがいによるものであると考えられる。色のこいものは温度が上がりやすいことから，この実験では，温度が高くなった黒い布でまかれたコップの水温が最も高くなったといえる。
(3) 水の入ったコップを日なたに置いた場合，かげはできにくい。これは，水の入ったコップは光が通りぬけるからである。よって，アで水の温度が大きく上がらなかったのは，日光が通りぬけたためだと考えられる。ウは，白い布をまいているので光を受けてはいるが，白い布は黒い布よりも温度が上がりにくいことから，日光をはね返していると考えられる。そのため布の温度が上がりにくく，水温も上がりにくい。

1 (1)オ　(2)右図　図2

(3)記号…え
太陽の動き…西
のほうへ動いて
いく。

方位じしん

(4)太陽とかげの動く向きは反対になっている。

(5)太陽と自分の間に，おにがいるようにする。

2 (1)イ→ア→ウ

(2)最も温度が高かったところ…イ
最も温度が低かったところ…ウ

(3)①日光　②明るく　③高く

(4)イ

3 ①，②

考え方

1 (1) かげは太陽の反対側にできるので，ア〜カの人のかげはすべて同じ向きにできるはずであるが，オの人のかげだけ向きがちがっている。

(2) かげは太陽の反対側にできるので，アの人のせなか側に太陽があり，図1は正午のときのようすなので，アの人のせなかの方向が南であると考えられる。よって，方位じしんのS極がアの人のせなかの方向を指し，N極がアの人の正面の方向を指す。

(3)(4) かげは，太陽の動きとは反対の向きに動く。正午の後，太陽は西に動いていくので，旗のかげは，正午は北側にでき，時間がたつにつれて東に動いていく。

(5) かげは，太陽と反対側にできるので，太陽－おに－自分の順にならんでいるならば，おににかげはふまれないが，太陽－自分－おにの順にならんだ場合は，おににかげをふまれやすくなる。

2 (1) アとイには，日光があたっているが，特にイには鏡にあたった日光もはね返ってあたっている。つまり，イには日光が重なっている。ウは鏡のかげになっているので，日光があたっていない。

(2) 日光が地面にあたると，地面はあたためられる。また，より多くの日光が地面にあたるほど，温度が高くなる。アには日光があたり，イには日

光と鏡ではね返った日光が重なっているため，アとイを比べると，イのほうが温度は高くなる。ウは日かげになっているので温度は低い。

(3) 日光が多く重なるほど，明るく，あたたかくなる。

(4) イとエの場合を考える。イは日光と鏡ではね返った日光が重なっている。エは，日光と水そうではね返った日光があたっているが，水そうへあたる日光は多くが水そうを通りぬけるため，はね返る日光はそれほど多くないと考えられる。そうすると，温度はイ>エとなる。また，ウとエを比べた場合，ウは日光がさえぎられてあたっておらず日かげとなっている。エは水そうを通りぬけた日光があたっている。よって，日光があたっているエのほうが温度は高くなり，エ>ウとなる。

3 日なたの温度は，1時間に約2℃ずつ上がっている。

8　風とゴムの性質

1 ア…○　イ…△　ウ…○
　　エ…○　オ…△　カ…○

2 (1)風（の力）　(2)イ　(3)キ→ク→カ

考え方

1 風車や風りん，ヨット，たこは，風がないと動かなかったり，あがらなかったりする。

2 (1) 風を受けると，ものは転がったり，たおれたり，たなびいたりする。つまり，風はものを動かすことができる。

(2) 風があたった部分がおされるように，ものは動く。

(3) 強い風をあてたほうが，車が遠くまで動く。

1 (1)イの結果…ゆうた(さん)　長さ…18cm
(2)①ウ　②オ

2 (1)(車アを送風機ウで走らせると，)強い風のほ

うが長いきょりを走らせることができる。(風が弱いほうが，走るきょりが短くなる。)

(2)㋐　(3)①㋒　②イとウ（順不同）

考え方

1 (1) ゴムを長くのばすほど，はなしたあとの車は長いきょりを走るようになる。よって，㋐は10cm，㋑は14cm，㋒は18cm輪ゴムをのばしてから車を走らせたことがわかる。また，会話文から㋐の車があさみさん，㋑の車がゆうたさんとわかるので，㋒の車はたつやさんの車である。

(2) のばしたゴムは，元にもどろうとするときに，ものを動かすことができる。使うゴムの本数をふやしたり，ゴムをより長くのばしたり，ゴムの太さを太くしたりすることで，動くきょりをより長くすることができる。

2 (1) **ア**と**イ**は，同じ車と同じ送風機を使っているが，風の強さだけがちがっている。走ったきょりのちがいは，風の強さにより生じたといえる。よって，風が強いほうが走ったきょりは長くなる（風が弱いほうが，走ったきょりは短くなる）ことがわかる。

(2) 車を㋐または㋑にして，他の条件は同じにして実験すると，同じ強さの風があたったときに，より長いきょりを走る車がどちらなのかを調べることができる。表の**ア**と**エ**の実験結果を比べると，送風機㋒で風の強さが「弱」のとき，車㋐は2.5m，車㋑は2.1m走ったので，車㋐のほうが長いきょりを走るといえる。

(3) ㋒と㋓のどちらの送風機の「強」の風が，強いのかを調べるためには，送風機㋒と㋓を「強」にして，同じ車を使ったときの走ったきょりを調べればよい。よって，**イ**と**ウ**の結果を比べる。**イ**と**ウ**を比べると，車㋐に，送風機㋒からの強風と，送風機㋓からの強風をあてたときに車が走ったきょりを調べることができる。このとき，送風機㋒では4.2m，送風機㋓では3.8mとなり，送風機㋒のほうが強風のときに同じ車を遠くまで動かすことができる。よって，「強」のときは，送風機㋒のほうが強い風となる。

9 音の性質

標準レベル＋　40～41ページ

1 (1)[あ]　(2)[あ]

(3)①ふるえ　②聞こえなく（伝わらなく）

2 (1)イ　(2)イ

考え方

1 (1) 輪ゴムを強くはじくほど，輪ゴムのふるえが大きくなる。

(2) ふるえが大きくなるほど，音の大きさは大きくなる。

(3) ものがふるえ続けている間は，音が聞こえるが，もののふるえが止まると，音は伝わらなくなるので聞こえなくなる。

2 (1) 鉄ぼうのはしをたたくと，鉄ぼうがふるえる。そのふるえがぼうを伝わっててつやさんの耳まで伝わる。2回鉄ぼうをたたいたならば，たたいた音は2回，ぼうを伝って聞くことができる。

(2) 強くたたくと，弱くたたいたときよりも，鉄ぼうのふるえが大きくなる。

ハイレベル＋＋　42～43ページ

1 (1)ふるえている。　(2)シ

(3)サ→ス→セ→シ

2 (1)ア　(2)①㋑　②㋒

(3)㋖　(4)㋕

考え方

1 (1) ものをたたいたり，はじいたりすると，ものがふるえて音を出す。

(2) ものをたたくときのたたき方や，はじくときのはじき方が大きいほど，ものが大きくふるえ，大きな音が聞こえるようになる。

(3) ふるえるゴムの長さを求める。図1の[あ][い]間の長さは，点線1区間分の長さがあり，[い][う]間の長さは点線3区間分の長さがある。図2の[え][お]間は点線1区間分より長いが，2区間分よりも短い。[お][か]間の長さは，2区間分より長いが，3区間分よりは短い。よって，これらを【ぎもん】の答えをヒントにして，長さが短いものから長いも

のへ順にならべる。よって，㋐㋑間→㋓㋔間→㋕㋖間→㋑㋒間となる。

❷ (1) スピーカーと自分の耳の間にあるものが，音を伝えているものである。太陽の光は夜間には見ることができないが音は聞こえるので，まちがい。温度は高い日でも低い日でも，音は聞こえるので，まちがい。風のない体育館の中でも音は聞こえるので，まちがい。

(2) こうたさんから糸のふるえとして音が伝わっていくため，糸をつまんだ点よりも先にいる人は，糸電話で話を聞くことはできない。こうたさんから伝わったふるえをゆきさんに伝えないようにするためには，㋑の点をつまむ。まりさんとゆうじさんに伝えないためには，2人よりも手前にある㋒の点をつまむとよい。

(3) 同じ時間で多くふるえると音が高くなる。多くふるえるということは，ふるえやすいということである。㋕と㋖のびんをたたくとびんがふるえる。このとき，びんの中に水が多く入っているほど，びんと水の両方をふるえさせなければならないので，ふるえにくくなり，ふるえる回数は少なくなる。よって，びんの中の水の量が多いほど音は低く，びんの中の水の量が少ないほど，音は高くなる。

(4) (4)の場合，ふるえるものは(3)とちがい，びんの中の空気である。びんの中の空気がふるえやすいと，音は高くなるが，ふるえにくいと音は低くなる。㋕のびんの中の空気は量が少ないので，空気がふるえやすく，ふるえる回数が多くなる。一方，㋖のびんは空気の量が多いので，空気がふるえにくく，ふるえる回数が少なくなる。よって，ふるえる回数が多い「空気の量が少ないびん」（㋕）のほうが，高い音が出る。また，ふるえる回数が少ない「空気の量が多いびん」（㋖）のほうが，低い音になる。何がふるえて音が出ているのかを考えるようにしよう。

10 電気

標準 レベル＋　　　44〜45ページ

❶ (1)㋑，㋒，㋖　(2)①ウ　②ア
❷ (1)㋑，㋔　(2)金属

考え方

❶ (1) ㋓〜㋖はソケットを使っているので，豆電球へのつなぎ方ではなく，かん電池へのつなぎ方に注意する。豆電球につながる導線の一方がかん電池の＋極，もう一方が－極につながっているようにする。㋐〜㋓は，ソケットを使っていないので，豆電球と導線のつなぎ方に注意する。右の豆電球の図の2か所の矢印の部分に，導線のはしをつなぐようにする。また，導線とかん電池のつなぎ方にも注意する。

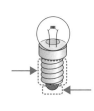

(2) かん電池の＋極→豆電球→－極のように，1つの輪になるように導線でつながれている場合，豆電球に電気が通る回路となる。

❷ (1) 金属は電気を通す。ガラスや消しゴムは金属ではなく，電気を通さない。

(2) 鉄，銅，アルミニウムなど，電気をよく通し，みがくとぴかぴかするものを金属という。

ハイ レベル＋＋　　　46〜47ページ

❶ ①　　②　　③

❷ (1)㋒　(2)ア…○　イ…×　ウ…○　エ…×
❸ (1)①×　②×　③○
　(2)①ウ　②ア　③イ
　(3)つく。
❹ あきこさんの回路…㋑　理由…かんの表面をけずっていないため，金属と導線がふれていないから。

考え方

❶ ソケットを使わないで，豆電球とかん電池をつなぐときは，豆電球の横の，みぞがある金属部分と，豆電球の下の金属部分とかん電池をつなぐようにする。＋極や－極に，直接豆電球の金属部分をふれさせてもよい。

❷ (1) ㋐と㋑では，③と④につないだときに回路にならない。㋓では，①と②，③と④のどちらにつないでも，回路にならない。

(2) イ，エ…かん電池は，両はしの＋極，－極に導線をつなぐ。色のついた部分は電気を通さない。

❸ (1)(2) プラスチックは電気を通さないため，2本の導線のうち，一方でもプラスチックにつないである場合は回路にならない。③は，2本の導線を鉄（金属）につないであるので回路になる。

(3) はさみを広げていてもとじていても，2本の導線のはしをはさみの金属部分につないでいるならば，回路となるため豆電球はつく。

❹ かんは鉄やアルミニウムなどの金属でできているが，色のついた部分は金属の上にとりょうなどがついているため，表面をけずって金属を出してから導線をつながないと，電気を通さない。

11 じしゃくの性質

標準レベル＋ 48～49ページ

1 (1)②と④に○　(2)①○　②×　③×

(3)小さい鉄くぎが，㋐の鉄くぎに引きつけられる。

(4)S極　(5)図4と反対にふれ，S極が[い]に引きつけられている。

考え方

1 (1) ①温度の変化とじしゃくの力の関係は，図1からはわからない。③図1で，N極とS極についているゼムクリップの数が等しいので，じしゃくの力はN極とS極ほぼ同じと考えられる。

(2) じしゃくは，同じ極どうしを近づけるとしりぞけ合い，ちがう極どうしを近づけると引き合う。

(3) じしゃくにつけた㋐の鉄くぎはじしゃくになっている。よって，㋐の鉄くぎは小さい鉄くぎを引きつける。

(4) 方位じしんのN極と，くぎの先の[あ]が引き合っているので，[あ]はS極と同じはたらきをしている。

(5) くぎの先の[あ]は，図4からS極になっていることがわかる。このくぎはじしゃくになっているので，[あ]の反対側の[い]は，N極になっている。よって，方位じしんのS極と引き合う。

ハイレベル＋＋ 50～51ページ

❶ (1)①S極　②S極　(2)㋑

(3)③S極　④N極　(4)㋐

(5)ちがう極どうしは，引き合う性質。

❷ N極

❸ (1)・S極の前に，じしゃくのN極を近づける。

・N極のうしろに，じしゃくのN極を近づける。（順不同）

(2)①しりぞけ合う　②引き合う　③はなれて

(3)ウ

考え方

❶ (1) 2本のくぎは，①，②の部分がS極になっている。

(2) 図1の①と②はどちらもS極になっている。じしゃくの同じ極どうしはしりぞけ合う。

(3) くぎのS極についている部分はN極に，くぎの反対側の③の部分はS極になっている。くぎのN極についている部分はS極に，くぎの反対側の④の部分はN極になっている。

(4)(5) 図3の③と④はちがう極になっているので，引き合う。

❷ 図のように，鉄でできたぬいばりなどにじしゃくの極をつけて，一方向にこすりつけるようにすると，ぬいばりの先とじしゃくの㋐の極がちがう極になる。ぬいばりの先を方位じしんに近づけると，N極と引き合ったことから，ぬいばりの先は，じしゃくのS極と同じ性質をもっている。よって，㋐はN極である。

❸ (1) じしゃくは，同じ極どうしを近づけるとし

りぞけ合い，ちがう極どうしを近づけると引き合う性質がある。これを利用し，発ぽうスチロールの前からじしゃくを近づけ，船の上にのっているじしゃくを引きつけるようにする。また，船のうしろからじしゃくを近づけ，船の上のじしゃくとしりぞけ合うようにする。

(2) じしゃくの力は，はなれていてもはたらくので，じしゃくがはなれていても，しりぞけ合う力や引き合う力を利用して，船を動かすことができる。

(3) じしゃくを自由に動くようにしてそのまま置くと，方位じしんと同じように，N極は北を指し，S極は南を指して止まる。

12 ものの重さ

標準レベル＋ 52～53ページ

[1] (1)232g
(2)図3…ウ 図4…ウ

[2] (1)㋒ (2)㋑ (3)㋐

考え方

[1] (1) この台ばかりの1目もりは2gである。230gの目もりよりも1目もり(2g)多いため，232gとなる。

(2) ものを細かくしても，全体の体積は変わらないので，全体の重さも変化しない。ものの置き方を変えても，全体の体積は変わらないので，全体の重さも変化しない。

[2] (1) ブロック1個の重さが最も重い㋒が，5個集めたときの重さも最も重くなる。

(2) 例えば，石でできたブロックのように，ブロック1個の重さが重いものは，集めたブロックの数が少なくても全体が重くなるが，発ぽうスチロールでできたブロックのようにブロック1個の重さが軽いものは，ブロックをたくさん集めてもなかなか重くならない。よって，体積が大きくなる。

(3) 半分に切ったときの重さが63gなので，元の重さは2倍の，63g×2＝126gとなる。同じ体積の重さが等しいものは，同じ種類のものからできている。

ハイレベル＋＋ 54～55ページ

[1] (1)㋑ウ ㋒ウ (2)ウ

ホッとひといき テントウムシ

[2] (1)①イ ②ジャガイモ
(2)ナス (3)240g

考え方

[1] (1)(2) 同じものであれば，形や置き方が変わっても全体の重さは変化しない。よって，㋑のように小さくなっても，㋒のように立ち方が変化しても，体重は変わらない。

[2] (1) 水でいっぱいになったボールに，野菜のブロックが入ると，入った分だけ水があふれ，ボールの外に流れ出てバットにたまる。バットにたまった水が少ないものと多いものでは，多いもののほうが野菜の体積が大きかったと考えられる。よって，あふれた水の量(重さ)は，野菜の体積を考えるために利用できる。ジャガイモとニンジンを比べると，ジャガイモではニンジンに比べ，水が2倍の量あふれ出ているので，切ったジャガイモの体積は，切ったニンジンの体積の2倍であることがわかる。なお，ジャガイモとサツマイモは，あふれた水の重さが等しいので，切った野菜の体積も等しいと考えられる。

(2) 4種類の野菜のうち，1種類だけがういたことから，このういた野菜は，4種類の野菜を同じ体積で比べたときに，最も軽いものであると考えられる。すべての野菜で，あふれた水の量が200gになるようにして，野菜の重さを比べてみる。これをまとめると，次の表のようになる。

野菜の名前	ジャガイモ	ニンジン	サツマイモ	ナス
野菜の重さ〔g〕	244	240	210	134
あふれた水の重さ〔g〕	200	200	200	200

上の表より，同じ体積にしたとき，最も軽い野菜はナスである。

(3) 水100gをあふれさせるときのニンジンの

重さが120gなので、あふれた水の量が2倍の200gになると、ニンジンの重さも2倍になる。

120g×2＝240g

チャレンジテスト+++ 56〜57ページ

❶ (1)

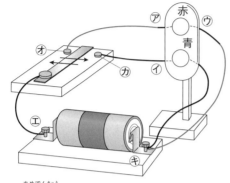

(2)赤(の豆電球)

(3)赤と青の両方の明かりがつく。

❷ (1)のびたゴムが、元の形にもどろうとする性質。

(2)ウ

❸ (1)ア　　(2)イ

(3)㋔の下面…S極　㋕の上面…N極

　㋕の下面…S極

(4)同じ極どうしを近づけるので、しりぞけ合う。

考え方

❶ (1)(2)　電気の通り道が1つの輪になるようにつなぐ。スイッチが右に動いて㋕のねじとふれたときは、青の豆電球とかん電池が1つの輪になっている回路となっている。かわるがわる明かりをつけるためには、スイッチを左に動かして㋔とふれたときに、赤の豆電球とかん電池がつながり、1つの輪になるようにつなげばよい。

(3)　かん電池から赤の豆電球がつながっている回路と、かん電池から青の豆電球がつながっている回路の2つがある。どちらの回路も1つの輪になっているので、同時に豆電球に明かりがつく。

❷ (1)　のびたゴムは、元にもどろうとするときにものを動かすことができる。プロペラを何回かねじってはなすと、ゴムが元にもどろうとするときにプロペラがまわる。

(2)　車が進んだきょりは、プロペラをまわした回数が30回のとき5.6m、40回のとき10.0mである。よって、進んだきょりが9mとなるのは、プロペラをまわした回数が30回と40回の間のときであると考えられる。

❸ (1)　㋐がぼうじしゃくであった場合は㋑が持ち上がるので、㋐はぼうじしゃくではない。

(2)　㋒が鉄のぼうだった場合は、㋓を持ち上げることはできない。よって、㋒はぼうじしゃくである。

(3)　円形のじしゃくは表面とうら面がちがう極になっている。また、㋔と㋕が引き合っているので、㋔と㋕がふれている面は、それぞれちがう極になっている。

(4)　じしゃくは、同じ極どうしはしりぞけ合い、ちがう極どうしは引き合うという性質をもつ。㋕のじしゃくの上面はN極になっているので、㋔のじしゃくをうら返してN極が下面にくると、N極どうしがしりぞけ合う。

4章 天気／生き物の性質

13 天気と気温

標準レベル+　　58〜59ページ

❶ (1)ウ　　(2)日光

(3)①イ　②イ

❷ (1)雲の量(青空の見え方)　　(2)図1

(3)午後2時(14時)

(4)午後2時まで(14時まで)

考え方

❶ (1)　気温をはかるときは、温度計の液だめの部分を、地面から1m20cm〜1m50cmの高さにする。

(2)　温度計に日光があたってしまうと、温度計自体の温度が上がってしまい。正しくはかれない。

(3)　気温をはかるときは、まわりに建物がない開けた風通しのよい場所を選ぶ。

❷ (1)　天気は、空をおおう雲の量(青空の見え方)で決まる。

(2)〜(4)　晴れの日は、日光が地面にたくさんあた

り，地面の温度が高く上がる。地面によって空気があたためられるので，図2のように午後2時ごろまでは気温が上がるが，その後は気温が下がっていく。くもりの日は，空を多くの雲がおおっているため，地面に日光がとどかない。そのため，図1のように地面の温度が上がらず，空気の温度もあまり変化しない。

レベル＋＋　　　60〜61ページ

❶ (1)百葉箱
　(2)記録温度計（自記温度計）
　(3)①北　②日光
　(4)百葉箱の中の風通しをよくするため。
❷ (1)7時間　　(2)ウ
❸ (1)①晴れ　②エ　③カ
　(2)気温の変化が大きいから。
　(3)雲が日光をさえぎっていたため，日光が地表にとどかなかったから。

考え方

❶ (1)(2) 百葉箱の中には，気温をはかるための機械（記録温度計）や温度計，かんしつ計などが取りつけられていることが多い。
(3) 百葉箱は，とびらが北側に取りつけられている。これは，とびらを開けたときに，百葉箱の中に日光が差しこむことで，気温をはかるそう置などに日光があたり，正しい気温をはかることができなくなることを防ぐためである。
(4) 気温は風通しのよいところではからなければならない。そのため，百葉箱のかべにはたくさんのすきまがあり，風通しがよくなるように工夫されている。
❷ (1) 図の上に時こくを表す目もりが書かれているので，これをもとにして時こくを読み取ると，㋐が13時，㋑が6時である。
(2) グラフの目もりを読むとき，グラフの線が目もりと目もりの間にあるときは，近いほうの目もりを読み取る。㋐はおよそ20℃，㋑はおよそ7℃なので，その差はおよそ，20−7＝13℃となる。これに最も近いものを選ぶ。
❸ (1)(2) 表の㋐の温度の変化から，グラフは㋓が

あてはまることがわかる。また，このように，1日の温度の変化が大きくなる場合，天気は晴れていることが多い。よって，空のようすは，青空が多く見えている㋑であると考えられる。
(3) ㋑の日は，1日中くもっていたことが考えられる。空を雲がおおっていると，日光がさえぎられ，地面の温度が上がらなくなる。空気は地面によってあたためられるので，地面の温度が上がらなければ，気温も上がらない。

14　生き物の1年間

レベル＋　　　62〜63ページ

❶ (1)①イ　②エ　③ウ　④㋐　　(2)イとエに〇
　(3)気温が高いから。（日光がよくあたるから。）
　(4)①㋐オオカマキリ（カマキリ）
　　　㋖たまご（らんのう）
　　②㋐…カ，ケ　㋑…ク

考え方

❶ (1) サクラは冬の間は葉を全部落とし，枝には芽をつけている。あたたかくなり，春になると，芽がふくらんで花をさかせる。花がさいた後は葉が出始めて，夏にかけて葉がどんどんしげっていく。秋になると葉の色が黄色に変わり，かれて落ちる。
(2) 夏のころ，サクラの花はすべて落ち，多くの葉がしげっている。また，夏は気温が高く，1年間で植物が最もよく成長する時期でもある。よって，枝ものびている。
(3) 植物は，春から夏にかけて気温が高くなるとよく成長する。
(4)①㋖は，オオカマキリのらんのうで，この中にたまごが入っている。
②㋐のサクラは冬のようすである。冬のころ，オオカマキリはたまごで過ごし，テントウムシは成虫がかたまってかれ葉や木のわれ目などに集まって，じっと動かない。また，セミやツバメは見られない。㋑のサクラは春のようすである。春のころ，南の地いきから日本にやってきたツバメは，巣作りを始め，中にたまごを産んで，ひなを育て

る。春になると，カマキリはよう虫がたまごからかえり，テントウムシはたまごを産み始める。

ハイレベル++　64～65ページ

1 (1)1 m 10cm
(2)7月(15日)から8月(15日)まで
(3)高い気温(日光)　(4)実

2 (1)ウ　(2)イ，ウ

3 (1)①㋑　②㋕
(2)㋐…[あ]　㋑…[う]　㋒…[い]　㋓…[え]
(3)イ，ウ，エ

考え方

1 (1)　6月15日に50cmだったくきの長さが，7月15日には1m60cmになっているので，1か月間でのびた長さは，1m60cm－50cm＝1m10cm

(2)　7月15日から8月15日にかけて，ぼうグラフが最も大きくのびている。

(3)　5月から8月にかけて大きく成長しているが，特に7月から8月にかけては急に大きくなっている。5月から8月にかけて，自然のようすがどのように変化するかを考えると，この期間，気温がどんどん上がっていることが原因と考えられる。また，気温が上がるのは，日光が地面にあたる量がどんどんふえるからでもある。そのため，日光と答えてもよい。

2 (1)　セミが見られるようになるのは，夏ごろである。よって，7月ごろと考えられる。

(2)　夏のころの，自然のようすを選ぶ。アは秋，エは冬のようすである。

3 (1)　①葉は，次の図のように大きくなっていく。

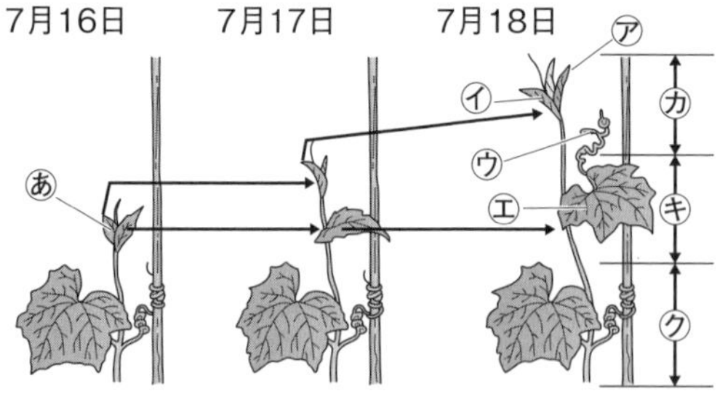

②くきは，先のほうがよくのびていく。

(2)　ツバメは，左から春・夏・秋・冬の順にならんでいる。カマキリのようすをこの順にならべかえる。カマキリは，たまごで冬をこし，春によう虫がかえり，夏によう虫が成長し，秋に成虫になる。

(3)　ヒキガエルは土の中でじっとしているので，地上では見られない。バッタも土の中でたまごで過ごすので，地上では見られない。カブトムシは冬は土の中でよう虫のすがたでじっとして過ごしているため，地上では見られない。

15　体のつくりと運動

標準レベル+　66～67ページ

1 (1)イ　(2)関節　(3)㋑，㋒，㋕
(4)曲げることができる。

2 (1)㋐きん肉　㋑ほね　(2)㋐　(3)㋐イ　㋒ア
(4)㋐がちぢんで，㋑を引っ張ることで，㋓でうでが曲がる。

考え方

1 (1)　ほねは大変かたく，体を支えたり，体の中を守ったりするはたらきをしている。

(3)　ほねとほねのつなぎ目を選ぶ。

(4)　ヒトなど，ほねをもつ動物の体は，関節で曲げることができる。

2 (1)　㋐は，力を入れたときにかたくなるが，力を入れていないときはやわらかいきん肉である。㋑は常にかたいほねである。きん肉がちぢんだり，ゆるんだりすることでほねを動かし，関節で体が曲がる。

(2)(3)　うでのほねのまわりには，㋐と㋒のように，向かい合って2つのきん肉がついている。このきん肉は，一方がちぢむと，もう一方がゆるむ。うでを曲げるときは，内側のきん肉㋐がちぢみ，外側のきん肉㋒がゆるむ。うでをのばすときは，外側のきん肉㋒がちぢみ，内側のきん肉㋐がゆるむ。

(4)　きん肉には「ほねを動かすはたらき」，ほねには常に「体を支えるはたらき」がある。体は関節で曲がる。

ハイレベル++ 68～69ページ

❶ (1)㋐ (2)①[い] ②イ
(3)[あ]のう [う]体の中（内ぞう） (4)エ

❷ ア

❸ (1)ほねとほねのつなぎ目
(2)①きん肉 ②ほね
③ほねはきん肉よりもかたい
（ほねはいつもかたい）
(3)ゴム風船…㋓ フック…[い]

考え方

❶ (1) ハトはウサギには見られない「つばさ」を持っている。
(2) ①は，ほねとほねのつなぎ目となっている関節を選ぶ。②には，ほねの役わりがあてはまる。ほねは，動物が活動するときに，体を支えている。
(3) [あ]や[う]のほねには関節がない（少ない）。よって，体を動かすためのほねではない。これらは，のうや，体の中（内ぞう）を守るためのほねである。
(4) 動物が運動するためには，関節，ほね，きん肉がすべて必要である。どれが1つ欠けても，運動ができなくなる。

❷ うでを曲げるので内側のきん肉がちぢむ。

❸ (1) ㋒は関節である。運動をするとき，体はここで曲がる。
(2) きん肉はゆるんだりちぢんだりし，やわらかいので，ゴム風船が適していると考えられる。ほねは体を支えているので，かたいつくりとなっている。そのため，木が適していると考えられる。
(3) もけいのうでを内側に曲げるためには，ふくらんで短くなった風船を㋓の位置に取りつける。ほねはきん肉によって動くので，ひじから下のほねを持ち上げるには，㋓のきん肉のフックを，ひじから下のほねの内側（[い]）にかける。このようにすることで，ほねは関節で内側に曲がる。

チャレンジテスト+++ 70～71ページ

1 (1)光があたっても，温度が上がりにくくなるから。
(2)①13日，15日，16日 ②14日
(3)昼前くらいまで晴れていたが，その後はくもっていた。 (4)ウ
(5)空気は，太陽の光であたためられた地面によってあたためられるから。

2 (1)①ウ ②キ ③ア ④ク ⑤イ ⑥カ
(2)[あ]…ア [い]…ウ (3)㋐→㋓→㋒→㋑
(4)きん肉は，前あしよりも後ろあしのほうが発達している。

考え方

1 (1) 百葉箱がこい色でぬられていると，光にあたったとき，温度が上がりやすくなる。それを防ぐために，百葉箱は，光にあたっても温度が上がりにくい白色でぬられている。
(2) 1日の気温の変化が大きくなっている13日，15日，16日が晴れである。1日を通して気温の変化が小さい14日は，くもりまたは雨であるが，この日，雨はふっていないので，くもりだとわかる。
(3) 16日は晴れていたので，昼過ぎから明け方にかけて気温が大きく下がっている。17日は明け方から午前11時ぐらいまで，気温が上がっているので，この間は晴れていたと考えることができる。午前11時よりも後は，気温が少しずつ下がってきているので，日光が地表にとどいていない。つまり，空が雲でおおわれたため，くもりになったと考えられる。
(4) 晴れの日は，明け方のころに，1日で最も気温が低くなり，午後1時～2時の間に最も気温が高くなる。図2からも読み取ることができる。
(5) 空気が何によってあたためられるのかを考える。日ざしが最も強くなる正午に最高の気温となっていないことから，空気をあたためているのは日光ではないといえる。日光は地面をあたため，この地面が空気をあたためる。よって，正午ごろに最も温度が高くなった地面が，ゆっくり空気をあたため続けている。そのため，気温が最も

高くなる時こくが正午よりも少しおそくなる。

2 (1) ㋐…池にヒキガエルのたまごがあったことから、季節は春である。ア～エの植物のうち、黄色い花をさかせるのは、ヘチマとタンポポである。このうち、春に花がさいているのは、ヘチマではなく、タンポポである。

㋑…かれ葉の下に成虫が集まり、動いていないことから、このようすは、冬のテントウムシである。冬のころのタンポポは花をさかせていないが、かれてもいない。葉を地面にそって広げている。

㋒…夏にひなを育て、夏より後に、日本よりも南の地いきへ飛んでいく動物は、ツバメである。ツバメが日本を出発するころは秋であり、秋のころに葉が黄色くなる木はサクラである。

㋓…キャベツの葉にたまごを産みつけるのは、モンシロチョウである。モンシロチョウは、春から秋まで、「たまご→よう虫→さなぎ→成虫」のサイクルを何度もくり返している。水田で見つけたヒキガエルが、完全なおとなになっていないことから、時期は夏より少し前から夏のころである。

(2) アはヒキガエル、イはオオカマキリ、ウはモンシロチョウ、エはアゲハのたまごである。

(3) ㋐は、ヒキガエルのたまごが見られたことから春である。㋑はかれ葉の下に、生き物が集まってじっとしているようすから、冬のようすと考えられる。㋒は、ツバメがいなくなったことから秋、㋓はヒキガエルがおとなになっていなかったことから、夏である。よって、春、夏、秋、冬の順にならびかえると、㋐→㋓→㋒→㋑となる。

(4) ヒキガエルには4本のあしがあり、このうち2本の後ろあしでとぶ。よって、前あしと後ろあしを比べると、後ろあしについているきん肉のほうが大きく発達していると考えられる。

---

16 水と空気の性質

標準レベル+ 　　　　72～73ページ

1 (1)㋐下がる。　㋑変わらない。　(2)ア
(3)㋐元にもどる。　㋑変わらない。
(4)①空気　②水　③大きく　④おし返し

2 (1)イに○　　(2)つつの長い空気でっぽう
(3)イ

考え方

1 (1) 空気はおすと体積が小さくなるが、水はならない。
(2) 体積が小さくなった空気は元の体積にもどろうとして、まわりをおし返す。そのため、ピストンを強くおすほど手ごたえが大きくなる。
(3) 体積が小さくなった空気は、元の体積にもどろうとしてピストンをおし返す。
(4) 空気の体積を小さくちぢめるほど、空気が元の体積にもどろうとしておし返す力が大きくなるため、手ごたえが大きくなる。水はおしても体積は変わらない。

2 (1) 勢いよくおしたほうが、空気の体積がより小さくなるなるので、元の体積にもどろうとしてまわりを強くおし返す。そのため、紙玉が勢いよく飛ぶ。
(2) より大きな体積の空気を、より小さくしたほうが、空気がまわりをおし返す力が大きくなるため、紙玉がよく飛ぶ。
(3) 紙玉は、つつとすき間がなく、なるべくかたく、軽くなるように作るとよい。また、紙玉が重すぎると、遠くまで飛ばなくなる。

ハイレベル++ 　　　　74～75ページ

1 (1)㋓
(2)空気はおすと体積が小さくなるが、水は体積が変わらないから。
(3)㋕→㋖→㋗　　(4)①空気　②体積
(5)㋗→㋖→㋕
(6)注しゃ器の中の空気の体積が大きいほど、お

18

して小さくすることができる体積が大きくなるから。

2 (1)(空気の後に)水
(2)空気の体積が小さくなるため，空気がまわりをおし返す力が大きくなるから。
(3)空気　(4)イ
(5)ふくらむ。　(6)ウ

ホッとひといき

❶			か	ん	せ	つ	
❷	お	ん	ど	け	い		
❸			こ	ん	ち	ゆ	う
❹		よ	う	ち	ゆ	う	
❺	ひ	や	く	よ	う	ば	こ

考え方

1 (1)(2)　空気はおすと体積が小さくなるが，水はおしても体積が変わらない。
(3)(4)　同じ長さだけピストンをおしても，㋖や㋗は元の空気の量が多いため，手ごたえは㋕ほど大きくならない。手ごたえが大きいほど，空気がピストンを強くおし返している。
(5)(6)　元の空気の量が多くなるほど，空気は大きくおしちぢめることができる。

2 (1)(2)　㋐のガラス管から息をふきこむと，びんの中の空気がおしちぢめられ，元にもどろうとする。このとき空気が水面をおす。よって，水は㋑のガラス管を通って外に出る。
(3)〜(5)　㋑から息をふきこむと，水の中に空気があわとなって出てくる。よって，びんの中の空気がおし出されて，㋐のガラス管から出てくる。そのため，㋐のガラス管の口にゴム風船をつけておくと，ゴム風船はふくらむ。
(6)　㋐と㋑の管は，一方から空気を送ると，もう一方から空気あるいは水が出てくる。両方のガラス管から空気を送りこもうとしても，そう置の中に入ることができる物の量は決まっているので，両方のガラス管から空気を入れることはできない。また，力を加えても，水の体積は変化しない。

17 ものの体積と温度

標準レベル＋　76〜77ページ

1 (1)①㋐イ　㋑イ　②㋐ア　㋑ア
(2)①大きく　②小さく　③空気

2 (1)㋐×　㋑○
(2)①小さく　②小さい

考え方

1　水も空気も，温度が高くなると体積が大きくなり，温度が低くなると体積が小さくなる。また，水よりも空気のほうが体積の変化のしかたが大きい。

2 (1)　金属は，温度が高くなるほど体積が大きくなり，温度が低くなるほど体積が小さくなる。よって，㋐では金属球が大きくなり，輪を通りぬけることができなくなる。㋑では金属球を冷やすので体積は元にもどり，輪を通ることができるようになる。

ハイレベル＋＋　78〜79ページ

1 (1)最も小さいもの…㋑　最も大きいもの…㋒
(2)記号…㋖
理由…㋖には空気が入っているため，あたためたときの空気と水のふえる体積が，㋕よりも大きくなるから。

2 (1)㋑
(2)夏は気温が高く，金属の体積が大きくなるので，すき間がせまいほうが夏だと考えられるから。

3 (1)うき輪の中の空気の温度が高くなり，体積が大きくなったと考えたから。
(2)うき輪が水の中に入ったため，うき輪の中の空気の温度が下がり，体積が小さくなったから。

4 (1)ア…×　イ…○　ウ…○
(2)空気　(3)イ→ア→ウ

考え方

1 (1)　容器が大きいほど，中に入っている水の量が多いので，あたためたときの水の体積の変化が

大きい。また同じように水の体積が大きくなっても，ガラス管が細いほど，水面がよく上がる。

(2) ㋖に空気が入っているので，あたためると㋖の容器の中の空気の体積が大きくなる。これによって水がおされて，ガラス管を大きく上がっていく。

❷ 夏は気温が高くなるので，金属の温度も高くなり，体積が大きくなる。このとき，金属の部品の長さがのびる。よって，つなぎ目が大きく食いこんだ㋑のようになる。㋐は冬のつなぎ目のようすである。

❸ (1) うき輪を日なたに置いておくと，うき輪の中の空気の温度が上がり，体積が大きくなる。

(2) 空気は冷えると体積が小さくなる。

❹ (1) 空気は温度が高くなるほど体積が大きくなっている。一方，水は0℃～4℃までは温度が上がると体積が小さくなり，温度が4℃をこえると体積が大きくなり始める。

(2) 1Lの空気は，0℃から10℃まで温度が上がると，体積（かさ）が約40mL大きくなる。1Lの水は，0℃から4℃になると体積は小さくなり，4℃から10℃になると体積は約0.3mL大きくなる。

(3) 1Lの水を同じ容器に入れた場合，下の図のようになる。0℃，9℃のほうが，4℃の水よりも体積が大きい。

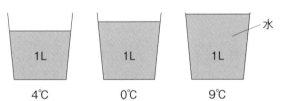

これらの全体の重さはすべて同じだが，体積が同じになっていない。よって，4℃の水の体積に合わせると，0℃，9℃の水は，コップから外へ出すことになる。外へ出す体積は，9℃のコップから出す体積が最も多い。その分，水の重さが軽くなることになる。

18 もののあたたまり方①

標準 レベル＋　　　80～81ページ

❶ (1)㋒→㋑→㋐→㋔
　(2)㋗，㋘　　(3)㋛
❷ (1)㋐　　(2)㋒　　(3)㋕，㋙

考え方

❶ (1)(2) 金属をあたためると，熱したところから順にあたたまっていく。そのため，熱したところを中心に円の形をえがくように示温インクの色が変わっていく。

(3) 熱したところから順にあたたまっていくので，切りこみの部分には熱が伝わらない。

❷ (1) 熱した部分の水は上へ動いていく。試験管を使ってあたためた場合，熱した部分より上はあたたまるが，下にはあたたかい水は動いていかないため，加熱部分より下は温度が上がりにくい。そのため，試験管の中の水全体をあたためるためには，試験管のいちばん下を熱し，あたたまった水が試験管全体を動くようにする。

(2) 熱した部分よりも上があたたまる。また，同じ温度まで水をあたためる場合，水の量が多いほどあたたまるのに時間がかかる。よって，アルコールランプよりも上にある水の量が最も少ないものを選ぶ。

(3) あたたかい水は，熱した部分よりも下にはいかない。よって，㋕と㋙はなかなかあたたまらない。

ハイ レベル＋＋　　　82～83ページ

❶ (1)同じになる。
　(2)③ウ→イ→ア　④ウ→イ→ア
　(3)②のほうが短い。
❷ (1)㋐　　(2)㋓
　(3)冷たい空気はあたたかい空気よりも重いため，下へ動くから。
❸ (1)ア
　(2)①太さ　②長さ
　　③マッチぼう（①，②は順不同）

20

(3)最もあたたまりやすい金属…銅
最もあたたまりにくい金属…鉄

考え方

[1] (1) 金属のぼうがあたたまるとき，熱したところからのきょりが同じならば，同じ温度にあたたまるのにかかる時間も同じになる。

(2) ③は金属なので，熱した部分に近いほど温度が高い。④は水なので，熱した部分よりも上だけがあたたまる。また，㋐と㋑のうち，㋑は㋒に近いので，㋒の水にあたためられて温度が少しずつ上がる。

(3) ②は，あたためられた水が試験管の中全体を動いていくが，④はあたためられた水は㋒の付近にあるだけなので，あたたかい水は試験管全体を動かない。

[2] (1) あたたかい空気は上へ動いてそのままたまっているため，㋐～㋒の中では，㋐が最もあたたかい。

(2)(3) 冷たい空気は重いために下へ動き，そのままたまってしまう。部屋全体を冷やしたい場合は，冷たい空気を部屋の上（横）の方向にふき出す。ふき出された空気は重いために，部屋の上から下へ向かって動く。これによって，部屋の下にあるあたたかい空気がおされて上へ上がる。こうして，部屋の中で空気の流れが生じるようにするとよい。

[3] (1) 銅のぼうに立っているマッチぼうのほうが早くたおれているのは，銅のほうがあたたまりやすく，ろうが早くとけたためである。

(2) この実験では，銅と鉄のあたたまりやすさのちがいについて調べるため，ぼうの太さや長さ，マッチぼうを立てる位置などの条件はそろえて実験を行う。

(3) 銅のぼうのマッチぼうが3本たおれてから，鉄のぼうのマッチぼうが1本たおれたのに対し，銅のぼうのマッチぼうが1本たおれた後で，アルミニウムのぼうのマッチぼうが1本たおれる。1本目がたおれる早さを比べると，銅が最も早く，次にアルミニウム，最後に鉄の順になる。この順は，金属のあたたまりやすさを表している。

19 もののあたたまり方②

標準レベル＋　84～85ページ

[1] (1)水じょう気　(2)湯気
(3)水じょう気が冷えてできた。
(4)水（湯気）が水じょう気になったから。
(5)水じょう気　(6)100℃

[2] (1)食塩（食塩水）　(2)0℃
(3)上がっている。　(4)体積が大きくなる。

考え方

[1] (1) 水じょう気は目に見えない。

(2)(3) 水じょう気が冷えてできた水は，目に見える。けむりのようになった水を湯気とよぶ。

(4) 湯気は小さい水てきなので，加熱すると水じょう気になって見えなくなる。

(5) わきたったときに水の中から出てくるあわは，水じょう気である。図では，フラスコの中は水じょう気で満たされていると考えられる。

(6) 水がふっとうする温度はおよそ100℃である。

[2] (1) 氷の温度を下げるには，食塩を混ぜる。

(2) 水がこおり始めてから，すべてが氷になるまでの間，温度は0℃のまま変わらない。

ハイレベル＋＋　86～87ページ

[1] (1)ふっとう石
(2)①㋑空気　㋒水じょう気
②あわのようす…あわが出なくなった。
理由…水じょう気が冷やされて，水になったから。
(3)試験管…減る。　ビーカー…ふえる。
(4)ア

[2] (1)変わらない。
(2)こおらした後のほうが大きい。　(3)うく。

[3] (1)水じょう気が水に変化して，体積が小さくなったから。
(2)スープをふっとうさせる（加熱する）　(3)ウ
(4)スープの水が水じょう気になり，これがふたで冷やされて水になった。

考え方

1 (1) 液体を加熱する実験では，とつ然ふっとうするのを防ぐために，ふっとう石を入れておく。

(2) ①水の温度が40℃付近で出てくる小さなあわは，水の中にとけていた空気である。100℃付近になると，水の中から大きなあわ（水じょう気）が現れる。

②㋒で出ているあわは水じょう気なので，ゴム管からビーカー内の水に出ていくと冷えて水にもどる。そのため，ゴム管から気体が出てくることはない。

(3) ふっとうを続けると，試験管の中の水が気体に変わって出ていくので，試験管の中の水は減る。ビーカーの中には，水じょう気が水になって出てくるので，ビーカーの中の水はふえる。

(4) 試験管から出ていった水（水じょう気）の重さと,ビーカーの中でふえた水の重さは等しい。

2 (1) 試験管から水は出入りしていないので，試験管の中の水の重さも変わらない。

(3) 水と氷では重さは変わらないが，こおらせることで体積は大きくなる。よって，同じ体積で比べると，水のほうが氷より重くなる。つまり，氷のほうが水よりも軽いので，氷は水にうく。

3 (1) ふっとうしている間，なべのふたとスープの間には，水じょう気があったが，火を消すことで，水じょう気が水に変化し，気体の体積が減っている。

(2) スープとふたの間に水じょう気を発生させると，ふたが開かなくなる前の状態にもどるので，ふたは再び開くようになる。

(3)(4) ふたのうらについた液体は，ふっとうしたスープにふくまれていた水が水じょう気になり，これがふたについて水にもどってできた液体である。

チャレンジテスト +++ 88～89ページ

1 (1)①後玉 ②空気 ③もどろう (2)イ

(3)（(1)のときに比べ）空気の量が少ないため，体積が小さくなったときに空気がおし返す力が小さいから。

(4)㋕

2 記号…㋑

理由…（同じ体積の）空気と水の温度を上げると，空気のほうが水よりも体積が大きくなるから。

3 (1)

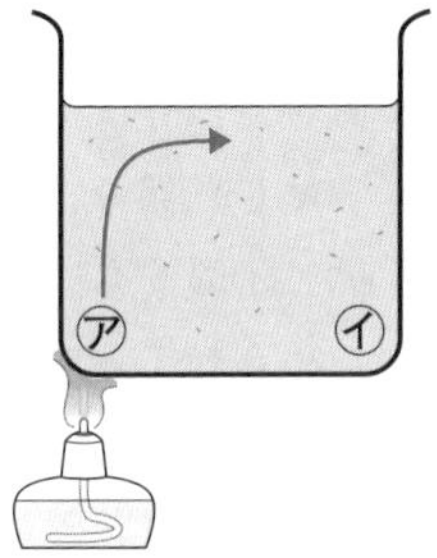

(2)ア (3)ウ (4)㋕

考え方

1 (1) つつの中の空気がちぢむと，空気が元にもどろうとしておし返すために，前玉をおして飛ばす。

(2)(3) 図2では，つつの中に水が入ったために，空気の量が少なくなっている。空気の量が多いほど，体積を小さくしたときにおし返す力が大きくなるため，空気の量が少なくなれば，空気がおし返す力も小さくなり，前玉が飛ぶきょりも短くなると考えられる。

(4) おしてちぢめられた空気は，前玉をおし出したことで元の体積にもどる。そのため，つつの中に入りきらなくなった空気が水の中へ出る。

2 水も空気も温度が高くなると体積が大きくなるが，その変化のしかたは空気のほうが大きい。

3 (1) 熱した水は上へ動く。そのため，上のほうから温度が高くなる。

(2)(3) 熱した水は，体積が大きくなる。あたためられた水は，重さは変わらないが体積だけ大きくなるので，同じ体積で比べたときに，まわりの水（㋑）よりも軽くなる。そのため，熱した水は上へ動いていく。

(4) 冷たい水はあたたかい水よりも重いため，下へ動く。つまり，氷によって冷やされた試験管のまわりの水は下へ動く。

20 星と星ざ

標準レベル＋　90〜91ページ

[1] (1)星ざ早見
(2)①南　②20

[2] (1)ウ　(2)ア　(3)アルタイル
(4)ウ　(5)夏の大三角

考え方

[1] (2)　7月13日を表す目もりの上に，20時の目もりがある。

[2] (1)　夏の大三角という名前からもわかるように，この三角形が夜に長い時間見えるのは，夏のころである。
(2)(3)　㋑はことざのベガ，㋒はわしざのアルタイルである。
(4)　1等星，2等星などは，明るさで分けられている。1等星でもいろいろな色の星がある。

ハイレベル＋＋　92〜93ページ

[1] (1)20時　(2)ウ，エ
(3)①オリオン　②1　③南
(4)東

[2] (1)(約) 6倍
(2)(約) 40倍(約39倍も○)

[3] (1)
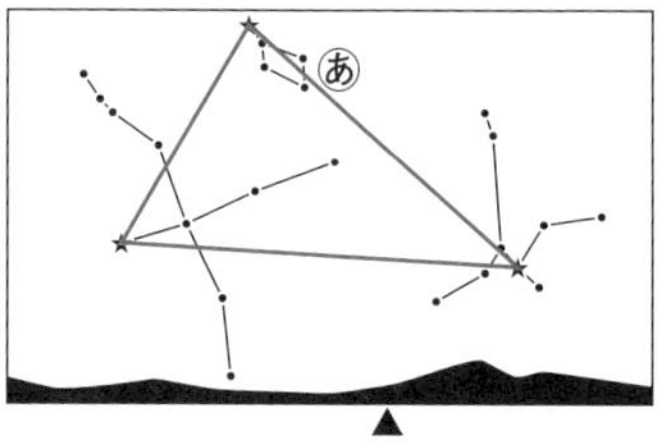

(2)ア　(3)星ざ…ことざ　1等星…ベガ
(4)他の星より明るく見えるため。
(5)③南　④さそり　⑤アンタレス　(6)ウ

考え方

[1] (1)　2月4日の目もりの上に，20時の時こくの目もりがある。
(2)　ア〜エの月日の目もりと時こくの目もりが，図と合っているものを探す。
(4)　星ざ早見は，頭の上に持って用いるので，[あ]は東，[い]は西となる。

[2] 明るさの考え方は，次のようになる。

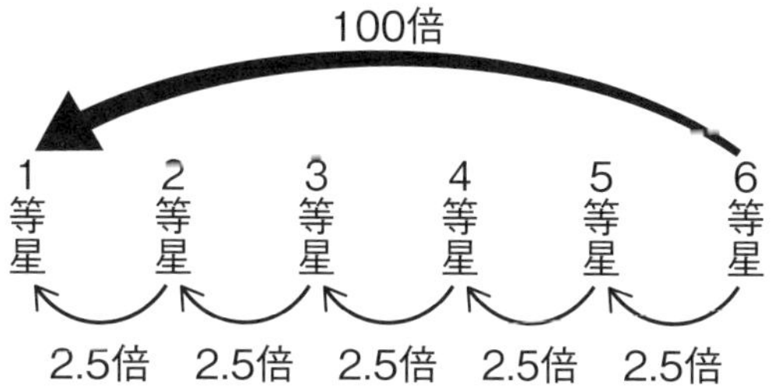

(1)　4等星は5等星よりも2.5倍明るく，3等星は4等星よりも2.5倍明るい。
2.5×2.5＝6.25　整数で答えるため，約6倍
(2)　100÷2.5＝40倍　または，
2.5×2.5×2.5×2.5＝39.0…倍

[3] (1)　3つの星ざの1等星を結ぶ。
(2)　東の地平線からのぼったばかりの夏の大三角は，はくちょうざのデネブとわしざのアルタイルを結ぶ線が，地平線とほぼ平行になっている。
(4)　夏の大三角は，3つの1等星を結んでできるので，他の星や星ざよりも明るくかがやいており，見つけやすい。
(6)　夜空に観察できる星ざは，季節によってちがっている。夏の大三角，さそりざがよく見えるのは，夏のころである。

21 月と星

標準レベル＋　94〜95ページ

[1] (1)エ　(2)㋒　(3)新月　(4)イ

[2] (1)カシオペヤざ　(2)①㋑　②反対(逆)
(3)北極星　(4)変わらない。

考え方

[1] (1)　満月が南の空に上がるのは，真夜中である。月の形と見える時こく，方位はすべて決まっている。
(2)　月の動きは太陽と似ていて，東からのぼり，南の高い所を通って，西にしずむ。
(4)　新月から満月までが約15日かかり，新月から満月になって，再び新月にもどるまで，約1か

月かかる。よって，満月から新月まで変化するのにかかる日数は，30日－15日＝15日

[2] (1)「W」の形をした星ざをカシオペヤざという。北の空に見える代表的な星ざである。

(2)(3) 北の空の星は，時間がたつとともに，北極星を中心にして，時計のはりと反対の向きに回転して見える。北極星は時間がたっても，ほとんど動かないように見える。

(4) 時間がたつと，星の位置は変化するが，星のならび方は変わらないので，星ざの形も変わらない。

ハイレベル＋＋　96～97ページ

❶ (1)①イ　②ア　③ウ

(2)㋑　(3)㋖→㋗→㋕→㋘

❷ (1)ア　(2)ウ

❸ (1)方位…東　理由…星の動き方が，右上がりになっているから。

(2)㋐　(3)オリオンざ

(4)①赤　②ベテルギウス　(5)エ

❹ (1)

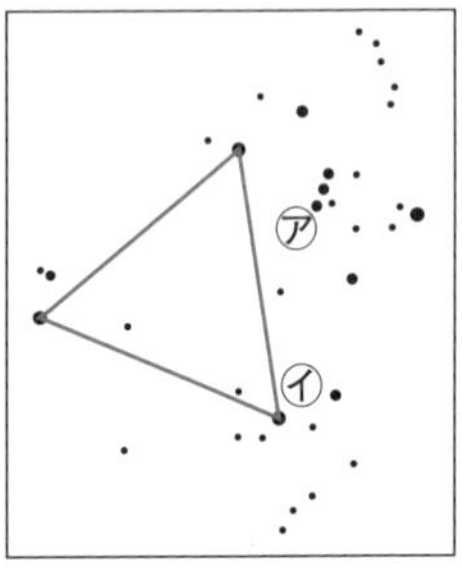

(2)㋖　(3)シリウス

考え方

❶ (1) 右側が光る半月が真南にくる時こくは，午後6時ごろである。月は，見える形と見える時こくが決まっている。右側が光る半月は，正午ごろに東の地平線からのぼるが，空が明るすぎて見えない。午後3時ごろになると，南東の空に，白い月が上がっているようすが見られる。この月は午後6時ごろに南の空高くにのぼり，真夜中に西の地平線にしずむ。

(2) 右側が光る半月は，光っているほうへ進んでいく。

(3) 月の形の変化は，次のように起こる。

新月→三日月→(右側の)半月→満月→(左側の)半月→新月

新月から満月までは，右側から光り始め，やがて満月となる。満月から新月までは，右側から欠けていく。

❷ (1) 三日月は，夕方，西の空に見られる。午後10時には地平線の下にしずんでいる。

(2) 満月は真夜中の南の空に見えるので，午後11時には，南よりも少し東よりにある。この位置の月が見えないのは，空がくもっていたことが考えられる。

❸ (1) 星の動きが右上がりになるのは，東の空の星の動きである。南の空の星の動きは横になり，西の空の星の動きは，右下がりになる。

(2) 星の動きが右上がりなので，方角は東である。東の空にのぼった星は，南の空へ高く上がっていく。

(3) 真ん中に三つ星の動きが記録されているので，オリオンざとわかる。

(4) オリオンざは，Aのベテルギウス(赤色)とリゲル(青白色)の1等星をもつ。

(5) オリオンざは，冬の南の空に観察できる，代表的な星ざである。

❹ (1) 冬の大三角は，オリオンざのベテルギウス，おおいぬざのシリウス，こいぬざのプロキオン(どれも1等星)を結んだものである。

(2) 東からのぼったときにかたむいていたオリオンざは，南にのぼったときにたて長になる。その後，西にしずむとき，再びかたむく。

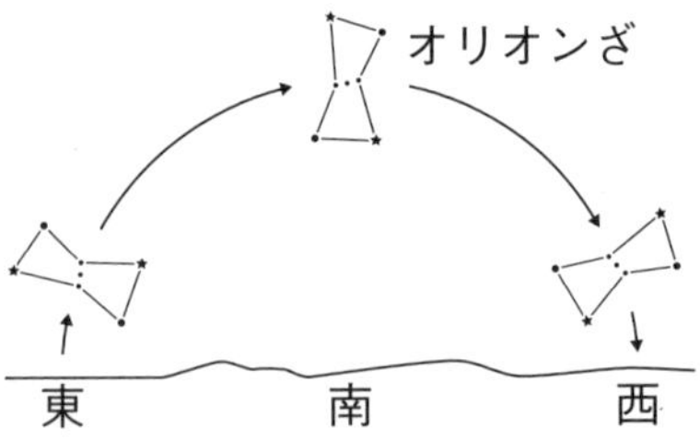

22 水のすがたとゆくえ①

標準レベル＋　98～99ページ

[1] (1)イ　(2)㋑　(3)イ　(4)低く

[2] (1)㋑　(2)つぶの大きさ
(3)小さくなっている。

考え方

[1] (1)　ビー玉が転がっていく方向に，地面がかたむいている。
(2)　ビー玉は，高いほうから低いほうへ転がっていく。
(3)　雨水は，高いところから低いところへ流れていく。(2)より，㋐よりも㋑が高いことがわかっている。
(4)　水たまりができる場所はまわりよりも低く，へこんでいるため，まわりの水が流れこんでくる。

[2] (1)　土のつぶが大きいほうが，水がしみこみやすくなる。
(2)(3)　水がしみこみにくくなるのは，土のつぶが小さいためである。水たまりができやすい場所の土は，水がしみこみにくいためつぶが小さいとわかる。

ハイレベル＋＋　100～101ページ

[1] (1)ア，ウ　(2)つぶが大きい。
(3)①記号…ウ
理由…水たまりができにくくなるから。
②記号…ア　理由…水をためやすいから。

[2] (1)高いところから低いところに流れる性質
(2)①イ　②㋐→　㋑←　㋒←　㋓←　(3)㋓

考え方

[1] (1)　㋐～㋒は，「つぶの大きさ」によって水がしみこむようすがどのようにちがうのかを調べる実験である。「つぶの大きさ」を変え，それ以外の条件は同じにして実験を行う。この実験に関係するのは，つぶの大きさだから，土の色は結果に関係しない。また，そう置を置く高さは，水のしみこみ方に直接関係はしない。
(2)　つぶが大きくなるほど，つぶとつぶの間にすき間があきやすく，水がしみこみやすくなる。
(3)　①ちゅう車場につぶの小さな土を用いると，水がしみこみにくくなるため，水たまりができやすくなる。
②水田は，イネを育てるために大量の水が必要となるため，水がしみこみにくいつぶの小さな土の場所にするとよい。

[2] (1)　すべての水がはい水口へ流れるようにするには，水が高いところから低いところへ流れる性質を利用する。はい水口の高さを最も低くすれば，手あらい場の水は，はい水口へ向かって流れていく。
(2)　①はい水口は，水が集まりやすいように，高さがまわりよりも低くなっている。
(3)　㋓の水をはい水口に流すには，㋒は㋓よりも低く，㋑は㋒よりも低くする。

23 水のすがたとゆくえ②

標準レベル＋　102～103ページ

[1] (1)ア
(2)①水じょう気　②じょう発　③空気中
(3)水てき

[2] (1)水てき　(2)イ
(3)①空気中　②水じょう気

考え方

[1] (1)(2)　水面からじょう発した水は，空気中へ出ていくため，おおいをしていないビーカーの水のほうが，多く減っている。おおいをしていると，水じょう気が容器内から出ていくことができない。
(3)　おおいの内側についているのは，水がじょう発して空気中に出ていったが，この水じょう気がおおいにふれて水にもどってできた水てきである。

[2] (1)　冷たいコップによって，空気中の水じょう気が冷やされて，水になる。
(2)　コップ全体が冷えているので，コップのすべての表面にふれている水じょう気が水に変化する。
(3)　空気が冷えることで，空気中にある水じょう気が液体にもどって水になる。

❶ (1)①同じ ②水面 ③おおい（ふた）
　(2)空気中の水じょう気が冷やされてできた。
　(3)水（てき）
　(4)右図
　(5)じょう発して水じょ
　う気になり，空気中
　へ出ていった。

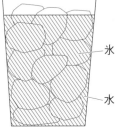

氷

水

❷ (1)590g
　(2)タオルにふくまれて
　いた水が水じょう気
　になって，空気中に出ていったから。
　(3)㋐ 　(4)ア，ウ，オ 　(5)ウ

考え方

❶ (1) 水がじょう発して空気中へ出ていくと，水の体積が減る。この体積の減少が，水のじょう発によるものであると説明するには，水のじょう発を防いだそう置とさかんにじょう発できるそう置をつくって比べるとよい。
　(2) 空気中には水じょう気がある。この水じょう気は冷やされると水になる。
　(3) くもりは，水じょう気が冷やされてできた水である。
　(4) 氷水で冷やされているコップの表面に水てきができる。
　(5) 冷やされた水じょう気が水になり，この水はやがてじょう発して水じょう気になることをくり返している。

❷ (1) 800g－210g＝590g
　(3) 気温が高くなると，水も温度が高くなり，じょう発しやすくなる。
　(4) 気温が高くなるのはどのようなときかを考える。天気は晴れがよいので，空には雲が少なく，日光がよくあたっているときと考えられる。
　(5) せんたく物がかわくときの水の変化は，「水→水じょう気」の変化である。アは水じょう気→水の変化，イは水じょう気→水の変化，エは氷→水の変化である。

★❶ (1)番号…（図）2
　理由…夕方の三日月は，西の空に見えるから。
　(2)　図1　　　　　図2

　(3)ウ
★❷ (1)夏の大三角 　(2)①白 ②デネブ
　(3)西 　(4)エ 　(5)同じ場所にする。
★❸ (1)㋐ 　(2)ウ

考え方

❶ (1) みはるさんは，夕方の三日月を観察していたことから，西の空を観察していたことがわかる。よって，みはるさんの観察記録は図2である。
　(2) 図2には，みはるさんが観察した夕方の三日月をかく。太陽は西の地平線の下にあると考えられる。そのため，月は地平線の下にある太陽に照らされて光っている。図1には，そうたさんが観察した月をかく。三日月は，新月から3日目に見えた月で，そうたさんの観察した月は，それよりも12日経過した月である。つまり，新月から，3＋12＝15日経過している。新月から15日経過した月は，満月に見える。

❷ (1)(2) ㋐はことざのベガ，㋑ははくちょうざのデネブ，㋒はわしざのアルタイルである。これらを結んだ大きな三角形を，夏の大三角という。これらの1等星は，すべて白色に見える。
　(3) 夏の大三角は，東の空からのぼってくる。東の空からのぼった星は，南の高いところ（上のほう）を通り，やがて西の地平線にしずむ。
　(4) 星のならび方は変わらない。東で横だおしになっていた夏の大三角は，南の空に高く上がるときに立ち上がり，たてになる。これが西にしずむときは右にかたむき，再び横だおしになる。
　(5) 同じ星などを続けて観察するときは，同じ位置から観察する。

3 (1) ペットボトルの表面にできた水てきは，ペットボトルに冷やされた水じょう気が液体になったものである。よって，冷たいペットボトルである㋐を選ぶ。

(2) 冷たいものの表面にできている水てきは，空気中の水じょう気が冷やされて，水になったものである。

7章 電流

24 電流のはたらき①

標準レベル＋ 108～109ページ

1 (1)㋑　(2)(かんい)検流計

(3)ア，イ

(4)①右図

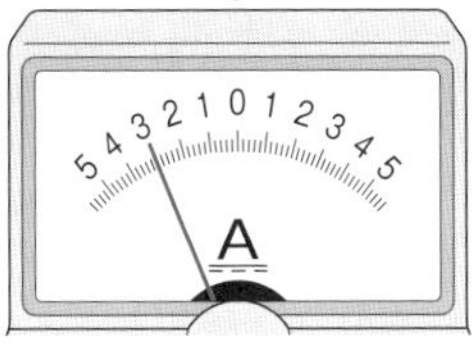

②かん電池の向きを反対にしたので，電流の(大きさは変わらず)向きが逆になったから。

③イ

考え方

1 (1) 電流は，かん電池の＋極から出て，モーターを通り，－極にもどる向きに流れる。

(2)(3) 検流計を使うと，回路を流れる電流の向きや電流の大きさがわかる。

(4) ①電流の向きが反対向きになるので，はりがかたむく向きも逆になる。

③モーターは，回路を流れる電流の向きが逆になると，回転する向きも逆になる。

ハイレベル＋＋ 110～111ページ

1 (1)右図

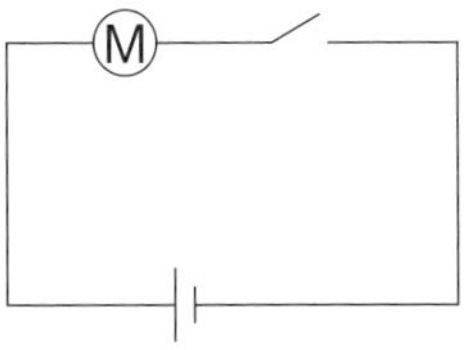

(2)①＋　②－

③電流

(3)反対向きになる。

(4)ア，エ

2 (1)

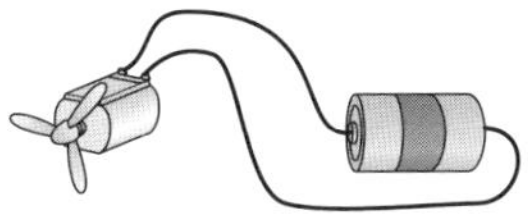

(2)㋐

(3)かん電池の向き(＋極と－極)を逆にしてつなぐ。

ホッとひといき ③

考え方

1 (1) かん電池は，－極よりも＋極のほうを長くして表す。

(2) 電流は，かん電池の＋極から出て，－極に向かう向きに流れる。

(3) 電流の流れる向きが逆になるので，モーターが回転する向きも逆になる。

(4) 発光ダイオードの明かりが消えたことから，回路に電流が流れなくなったことがわかる。モーターの回転が止まったことからも，電流が流れなくなったと考えるのは正しいといえる。また，発光ダイオードを逆にすると回路に電流が流れなくなったのは，発光ダイオードはつなぐ向きによって電流が流れなくなるためである。発光ダイオードは，＋の長いあしから電流が流れこみ，－の短いあしから電流が流れ出ていく向きに電流が流れているときは，回路に電流が流れるが，逆向きに電流を流すことはできない。

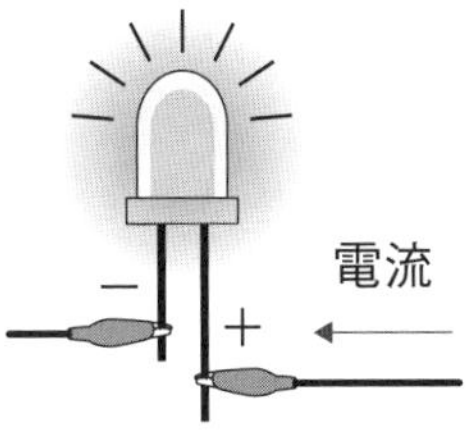

2 (1) かん電池の＋極，－極につなぐ導線を，それぞれ図１と逆にする。

(2) 検流計のはりは，電流が流れていくほうにかたむく。

(3) 回路を流れる電流の向きを逆向きにすると，検流計のはりも逆にかたむくようになる。

25 電流のはたらき②

標準レベル＋ 112～113ページ

1 (1)㋑

(2)㋕にしたとき…イ，ウ

㋖にしたとき…ア，ウ

㋗にしたとき…ア，エ

(3)①反対（逆）になり　②変わらなかった

③変わらず　④変わらなかった

⑤変わらず　⑥大きくなった

考え方

1 (1) 検流計が左にかたむいているので，検流計を流れる電流は，検流計の右側から流れこみ，左側から出ていく。よって，①の向きである。

(2)(3) ㋕…かん電池の向きを図１と比べて逆にしているので，電流の向きが逆になる。よって，モーターは反対向きに回る。また，かん電池の数が同じなので，電流の大きさは同じになる。よって，モーターが回る速さも同じになる。㋖…かん電池の向きは図１と変わっていないため，電流の向きは変わらないことから，モーターが回る向きも変わらない。また，かん電池２個をへい列つなぎにする場合，かん電池１個のときと，モーターを流れる電流の大きさは変わらなくなる。よって，モーターが回る速さは変わらない。㋗…かん電池の向きは図１と変わっていないため，電流の向きは変わらないことから，モーターが回る向きも変わらない。また，かん電池２個を直列つなぎにしていることから，モーターを流れる電流は図１よりも大きくなる。そのため，モーターは速く回るようになる。

ハイ レベル＋＋　114〜115ページ

1 (1)㋐，㋒　(2)㋑，㋕　(3)㋓，㋔

2 (1)㋐，㋒

(2)㋐×　㋑○　㋒○　㋓×

(3)モーターを流れる電流の大きさは変わらないので，モーターの回る速さは変わらない。

3 (1)それぞれの回路で，豆電球に流れた電流の大きさがちがっていたから。

(2)㋒　(3)ア

考え方

1 (1) ２個のかん電池をへい列つなぎにすると，豆電球を流れる電流の大きさは，かん電池１個のときとほぼ同じになる。

(2) ２個のかん電池を直列つなぎにすると，かん電池１個のときよりも流れる電流が大きくなる。

(3) ㋓は電流の通り道が輪のようになっていないので，豆電球に明かりはつかない。㋔はかん電池と導線だけで輪のようにつながれている。このような回路の場合，かん電池から流れ出た電流は直接もう１個のかん電池へ流れこもうとするため，豆電球には電流が流れない。そのため明かりがつかない。また，かん電池と導線だけを輪のようにつないだ回路では，大きな電流が流れるためきけんである。

2 (1) ２個のかん電池をへい列つなぎにしている場合，その部分はかん電池１個と同じはたらきをすると考えると，㋐はかん電池２個の直列つなぎ，㋑はかん電池１個の回路，㋒はかん電池２個の直列つなぎと考えることができる。よって，㋐と㋒は，どれもかん電池２個の直列つなぎと同じ速さでモーターは回る。

(2) ㋐と㋓は，電池をはずすと回路がとちゅうで切れてしまう。㋑と㋒は，かん電池のへい列つなぎをしたかた方だけをはずすので，残ったかん電池で回路はつながっている。

3 (1) 豆電球の明るさのちがいから，豆電球を流れている電流の大きさのちがいがわかる。

(2) ＢＣ間は最も暗いので，かん電池は１個つながれている。ＣＤ間は最も明るいから，かん電池は３個が直列つなぎでつながれている。ＡＣ間は，これらの間の明るさなので，かん電池２個の直列つなぎであると考えられる。

(3) モーターの回転する向きを同じにするためには，赤色の導線と黒色の導線をつなぐかん電池の極を同じにする必要がある。また，モーターの回る速さを同じにするためには，モーターに流れる電流を同じ大きさにする必要がある。よって，かん電池１個をつなぐだけとする。

1 (1)なおさんの回路　　　　　ゆうさんの回路

（例）　　　　　　　　　　　　（例）

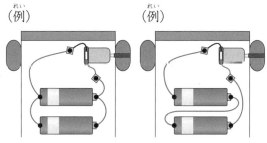

(2)㋐を㋑につなぐと車は後ろへ下がり，㋐を㋒につなぐと車は前に進む。

2 イ，ウ

3 (1)㋒　　(2)㋒　　(3)㋔

(4)㋕…㋐(㋒)　㋖…㋒(㋐)

考え方

1 (1) ゆうさんは最も速い車なので，かん電池は2個を直列つなぎにしているとわかる。なおさんはかん電池2個を使っているのに，かん電池1個のときと同じ速さなので，かん電池2個をへい列つなぎにしている。

(2) ㋐を㋑につないだときと㋒につないだときでは，モーターを流れる電流の向きが逆になる。

2 つなぎ方のちがいを調べる場合，かん電池の数は変えないようにする。

3 (1) ㋐と㋖をつないで，かん電池2個の直列つなぎの回路になるようにする。

(2) ㋖と㋒をつなぐと，かん電池2個の直列つなぎとなる。

(3) 右の図のような回路になる。この回路は，かん電池から出た電流が，豆電球を通らずに導線を通ってそのままかん電池に流れこんでしまうため，明かりがつかない。

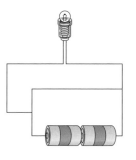

(4) ㋒から出た電流が㋔へ流れこみ，再び㋒から流れ出る回路にすれば，かん電池3個の直列つなぎになるので，このとちゅうに豆電球をつなぐと豆電球は最も明るく光る。

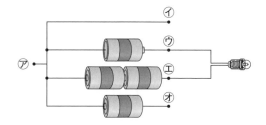

1 (1)さなぎ　　(2)ウ，エ

(3)6本のあしを，すべてむねにつける。

(4)4月18日

(5)気温が10℃ぐらいに上がること。

2 (1)①上　②大きくなる　③出ていった空気

(2)うきやすい季節…冬

理由…空気の温度が低いほうが，あたためた空気の体積が大きくなりやすく（，気球がうきやすく）なるから。

(3)イ

3 (1)㋐，㋑，㋔　　(2)シリウス　　(3)ウ

(4)ア　　(5)㋕西　㋖北

(6)気温が低いから，水じょう気が水てきに

考え方

1 (2) さなぎになる時期がある動物を選ぶ。トノサマバッタとオオカマキリは，よう虫がそのまま大きくなって成虫になる。

(3) こん虫の体のつくりになるようにする。こん虫は，体が頭，むね，はらの3つに分かれており，6本のあしがすべてむねについている。

(4)(5) 会話から，あたたかくなったからモンシロチョウの成虫が見られるようになったことが読み取れる。また，グラフから，鹿児島の気温が4つの地いきの中で最も早く高くなっており，3月10日ごろは約10℃であることがわかる。気温が10℃になるときの各地いきの日付をグラフから読み取ると，津が3月21日ごろ，仙台が4月18日ごろ，札幌が5月16日ごろとなっており，これは，モンシロチョウの成虫を見かけるようになった日付と同じになっている。よって，気温が10℃よりも高くなることが，冬をこしたさなぎが成虫になる条件の1つであると考えられる。

❷ (1) 気体は温度が高くなると，体積が大きくなる。

(2) まわりの空気の温度と気球内の空気の温度の差が大きくなるほど，空気の体積のちがいも大きくなるため，気球内の空気は軽くなる。

(3) 気球内の空気がまわりの空気よりも軽いためにういている。よって，体積が大きくなって上にたまったあたたかい空気を気球内から出すと，気球の下から冷たい空気が入る。あたたかい空気が減るほど，気球の外の空気と中の空気の重さのちがいが小さくなるため，気球はしだいに下がり始める。

❸ (1)(2) ㋐のこいぬざのプロキオン，㋓のおおいぬざのシリウス，㋑のオリオンざのベテルギウスで冬の大三角ができる。

(3) オリオンざは真南にくると，たてになる。図1は，ななめ45°くらいにかたむいているので，南東付近の空のオリオンざであるとわかる。南東の空にある星は，この後，南の空高くへのぼっていくため，動く向きは右上となる。

(4) 午後9時に，㋔の位置に月があることから，3時間後の真夜中には，月が南にあることが考えられる。真夜中の南の空に月があるとき，その形は満月である。月は，それぞれの形によって見える時間と方位が決まっているので，覚えておくとよい。

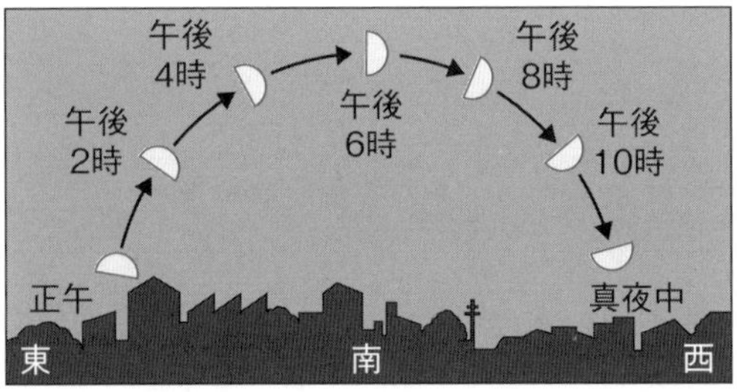

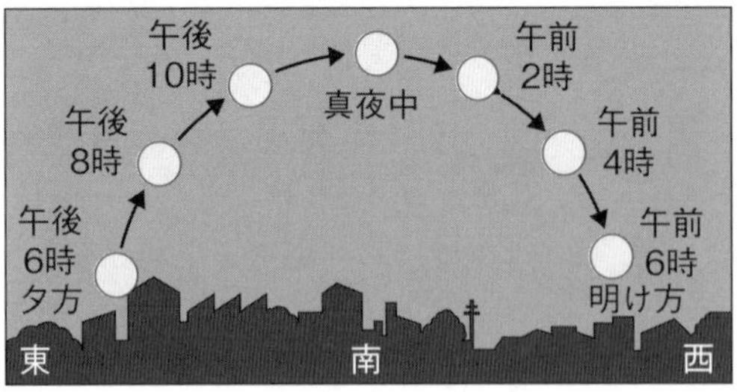

また，月は6時間ごとに夜空を90°ずつ動いていることも覚えておこう。

(5) 方位じしんのはりの色のついた部分がさす方角が，北である。赤いはりの向きに文字ばんの「北」を合わせると，㋕の方角は西になる。

(6) 寒い日のまどガラスに水てきがついているように，空気中の水じょう気が水に変化するのは，冷やされたときである。

しあげのテスト(1)　巻末折り込み

1 (1)①頭　②むね　③はら　④6

　　(2)ア，ウ，オ，カ

　　(3)記号…オ
　　　育ち方の特ちょう…たまご，よう虫，さなぎ，成虫の順にすがたが変わる。

2 (1)記号…イ　名前…子葉

　　(2)ウの名前…実
　　　中に入っているもの…たね(種子)

　　(3)ア→ウ→エ→イ→オ

3 (1)オ

　　(2)①東　②南　③西　　(3)ウ

4 (1)最も強い風…ア　最も弱い風…イ

　　(2)ものを動かすはたらき

5 (1)導線の中の金属を出すため。

　　(2)ウ

　　(3)記号…ア，エ
　　　理由…金属でできているから。

6 (1)①○　②×　③×

　　(2)①ウ
　　　②図3

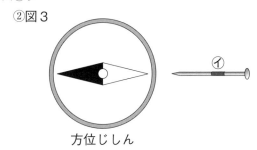

方位じしん

考え方

1 (1)　こん虫は，体が頭，むね，はらの3つに分かれており，むねに6本のあしがついているという共通の体のつくりをしている。

　　(2)　ダンゴムシ(イ)はあしが14本あるのでこん虫ではない。クモ(エ)はあしが8本あるのでこん虫ではない。

　　(3)　チョウとカブトムシは，よう虫から成虫になる間に，さなぎになる時期がある。トンボやバッタは，よう虫がそのまま成長して成虫となる。ダンゴムシとクモは，こん虫ではない。

2 (1)　はじめに出てくる葉を子葉といい，子葉の後に出てくる葉とは形がちがう。

　　(2)　花がさき終わると，花があった場所に実ができ始める。実の中にはたねができている。

　　(3)　「たね→子葉が出る→葉がしげる→花がさく→実ができる」の順に育つ。

3 (1)　日光でできるかげは，太陽の反対側にできる。

　　(2)　太陽は，東からのぼり，南の高いところを通って，西へしずむ。

　　(3)　ア…かげは太陽と反対の方向にできる。イ…太陽の高さが変わると，かげの長さも変わる。ウ…午後はかげの長さがだんだん長くなる。

4 (1)　強い風をあてるほど，車は遠くまで動くので，アが「強」，イが「弱」，ウが「中」とわかる。

5 (1)　導線で電気を通すのは，内側の金属の部分である。導線の外側は電気が通らないように，電気を通さないもの(ビニルなど)でおおわれている。この導線をつなぐには，表面のビニルを取る必要がある。

　　(2)　ソケットを用いなくても，豆電球に明かりをつけることはできる。この場合，豆電球のねじの部分(横の部分)と，豆電球のいちばん下をつないで回路をつくる。

　　(3)　金属は電気を通す。紙やプラスチックは電気を通さない。

6 (1)　じしゃくの同じ極どうしはしりぞけ合い，ちがう極どうしは引き合う。

　　(2)　じしゃくにつけた鉄は，じしゃくになる。よって，アとイの鉄くぎはじしゃくの性質を示す。イの鉄くぎは，くぎの頭の部分がぼうじしゃくのN極に引きつけられている。しりぞけ合っていないようすから，イのくぎの頭の部分はS極になっている。よって，イのくぎの先はN極になっている。同様に，アのくぎの頭は，イのくぎの先のN極に引きつけられているのでS極となっており，アの鉄くぎの先はN極となっている。

　　②　イの鉄くぎは，先がN極，くぎの頭がS極になっている。図3では，くぎの先(N極)に方位じしんのS極が引きつけられている図になっていればよい。

しあげのテスト(2) 　　【巻末折り込み】

1 (1)イ→ウ→ア→エ　　(2)イ，エ　　(3)ア
2 (1)雲の量
　　(2)記号…ア
　　　理由…1日の気温の変化が小さいから。
　　(3)午後2時
3 (1)㋐イ　　㋑ア
　　(2)①変わらない　②小さくなる　③大きくなる
4 (1)ア
　　(2)あたためることで，金属(ふた)の体積が大
　　　きくなるため，ふたの直径が大きくなり，ふ
　　　たがゆるくなるから。
5 (1)7月13日　(2)満月　(3)東
　　(4)㋐北　㋑南　(5)㋐あ　㋑え
6 (1)㋑へい列つなぎ　㋒直列つなぎ
　　(2)㋐，㋑　(3)①㋐，㋑　②㋒
　　(4)①電流　②同じに(等しく)　③大きく

考え方

1 (1) オオカマキリは，春によう虫がかえり，春
から夏にかけてよう虫から成虫へと成長してい
く。秋になると成虫がたまごを産み，冬はたまご
で過ごす。
　(2) オオカマキリは，よう虫からそのまま成虫へ
と成長する。アゲハやテントウムシは，よう虫か
らさなぎになり，成虫へと成長する。
　(3) オオカマキリがたまごで過ごすのは冬であ
る。冬，ヒキガエルはおとなのすがたとなってお
り，土の中でじっとしている。イは春，ウ，エは
夏のようすである。
2 (1) 晴れとくもりは，空にある雲の量で決ま
る。青空が見えていて，雲が少ないならば晴れ，
青空が見えず，ほとんどが雲でおおわれているな
らばくもりである。
　(2) くもりの日は，日光が地面にあたらないの
で，1日の気温の変化が小さくなる。
3 (1) 水はおしても体積は変わらない。空気はお
すと，体積が小さくなる。
　(2) 空気はおすと体積が小さくなる。体積が小さ
くなった空気は元の体積にもどろうとしてまわり
をおし返す。この力によってピストンがおし返さ

れて，手ごたえが大きくなる。
4 (1) 金属は，熱したところから，あたたかい部
分が順にまわりへ広がっていく。
5 (1) この観察を行った午後6時(18時)の目も
りが7月13日の目もりと重なっている。
　(3) 満月は，午後6時ごろ(夕方)，東の空から
のぼる。月は形によって，見える時こくと方位が
決まっている。
　(4) 星の動きを調べると，東は右上がり，南は左
から右へ，西は右下がりに動いているようすが観
察できる。北の空は，北極星を中心に時計のはり
と反対の向きに回転するように動く。
　(5) ㋐は北の空なので，星は北極星を中心に時計
のはりと反対向きに動く。㋑は南の空なので，左
から右へ動く。
6 (1) ㋑は，かん電池の同じ極をまとめて回路に
つないでいるので，へい列つなぎである。㋒は2
つのかん電池のちがう極どうしをつないでいるの
で，直列つなぎである。
　(2) 回路を流れる電流の向きが同じならば，モー
ターの回転する向きも同じになる。電流は，か
ん電池の＋極から出て，－極へ向かって流れる。
㋐は，かん電池の＋極から出て，赤い導線を通っ
てモーターに入り，青い導線を通って－極にもど
る。この順が同じものがモーターの回転する向き
が同じになり，㋐と㋑は同じになっている。㋒は
㋐と㋑とは逆になっている。つまり，㋐と㋑は電
流が流れる向きが同じであるため，モーターの回
転する向きも同じになるが，㋒は逆向きになる。
　(3) ①モーターに流れる電流の大きさが同じなら
ば，モーターが回転する速さが同じになる。㋑は
2個のかん電池をへい列つなぎにしているが，こ
のつなぎ方は，かん電池1個のときとほぼ同じ大
きさの電流が流れる。
②モーターを速く回転させるには，より大きな電
流を流せばよい。かん電池2個を直列つなぎにす
ると，かん電池1個のときに比べて，およそ2倍
の大きさの電流が流れる。
　(4) モーターが回転する速さは，モーターを流れ
ている電流の大きさで決まる。モーターを流れる
電流が大きくなるほど，速く回転する。

2 1 0 9 8 7 6 5 4
＊＊DCBA